有趣到睡不著的天文學

面白くて眠れなくなる天文学

黑洞的真面目是什麼？

縣 秀彥 著　鄭曉蘭 譯

目錄

Part 1

浪漫的天文故事

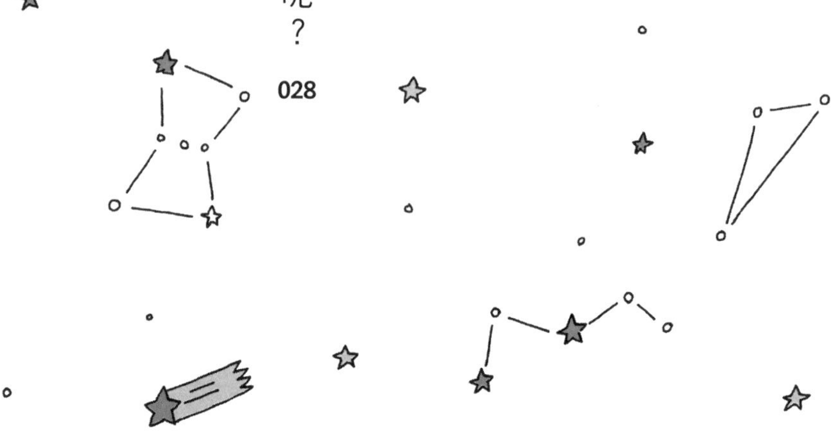

Part 2

有趣到睡不著的天文學

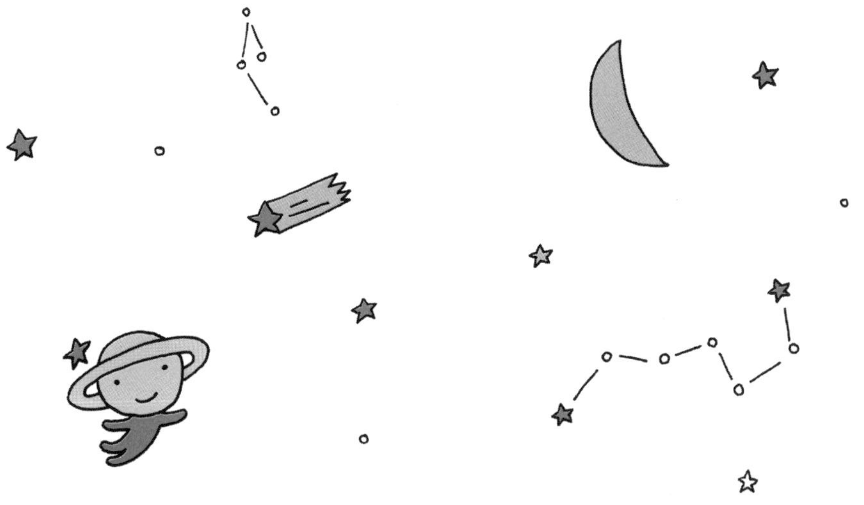

Part 3
宇宙充滿不可思議

前言

天文學的魅力，讓人心動不已

大家一聽到「天文學」，會有什麼印象呢？是在天文館裡聽到的星座故事、流星雨或日食觀測，還是賞月呢？

這本書介紹的內容，一口氣濃縮了天文學魅力的菁華。

月球也有山脈或海洋？

夜空中明明有無數星斗，為什麼還是一片漆黑？

尋找第二個地球的「外星人方程式」是什麼？

用重力波逐漸揭開宇宙誕生的祕密……等等。

天文學涵蓋的範圍，從流星或月球這種大家熟悉的天體的奧祕，一直到窮究遠古宇宙起源之謎，可是一門很有趣的學問喔。

天文學從很久以前開始，就和音樂、數學並列為最古老的學問，據說對古代人而言，曾經是很重要的對話工具（溝通工具）。

例如，和別人約定下次碰面時，沒有時鐘或電話，要怎麼決定會面地點或時間日期呢？在這種情況，因為古代人彼此都熟知月亮形狀或星星位置，所以才能告訴對方季節、時刻或所在地點。

就像這樣，一般認為天文學曾是人際聯繫的必要工具。

另一方面，這些年來天文學有非常顯著的進展。大家看這本書，可能會覺得「這跟我小時候看的天文學圖鑑或參考書內容很不一樣耶」。

現在，有一門廣受注目的學問叫做「天文生物學」（Astrobiology）。這是一門研究「宇宙生命的起源、演化，分布與未來發展」的學術領域。這個領域集結了天文學、生物學、行星科學、地球物理學等各領域的研究者。

「我們是誰？我們今後會到哪裡去？」

針對這個普遍的提問，人類正以天文學為立足點，逐漸逼近問題的答案。

直到二〇一六年為止，確認存在的太陽系外行星已經超過三千五百顆★。其中也開始發現地球大小的岩石行星，又或是溫度恰當、可能蘊藏豐富液態水的行星。

像是被稱為新世代望遠鏡的ＴＭＴ（Thirty Meter Telescope，口徑三十公尺的望遠鏡）等高性能望遠鏡，還有太空望遠鏡，它們都有機會發現存在地球以外生命的系外行星。在不久的將來，人們發現生命的起源，或是與智慧生命溝通，或許不再只是夢話。

這樣讓人興奮期待、心潮澎湃的學問，只給天文學家獨享，未免太可惜了！大家也拿起這本書，一起來瞧瞧這個鼓動人心的天文學世界吧！

★編註：至二〇二二年一月底為止，已發現超過四千三百顆系外行星。

Part 1

浪漫的天文故事

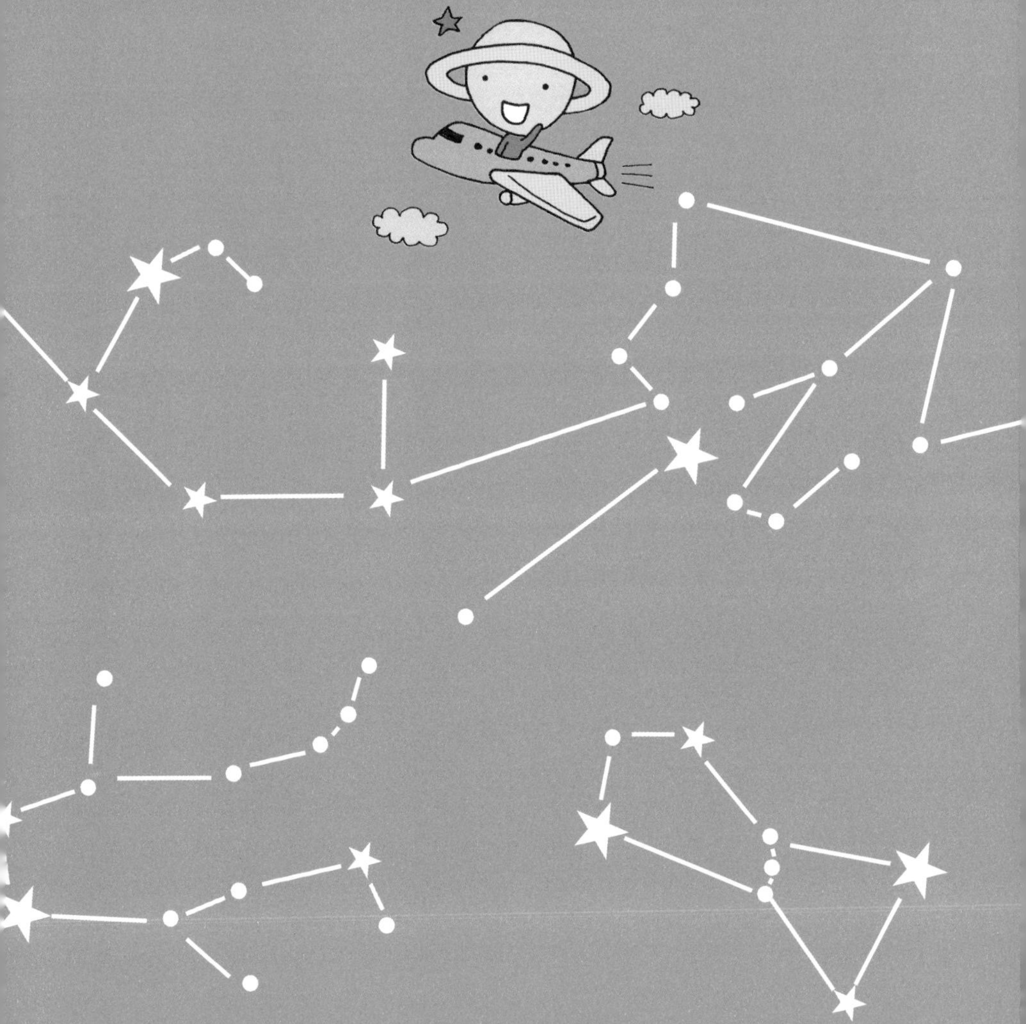

01

欣賞流星的方法

流星的真面目

大家看過流星嗎？

傳說，當流星劃過天際時，只要把願望說上三次就能成真。這或許也意味著，流星總是神出鬼沒，不知道在何時、會出現在何處，還有它一眨眼就消失的特性吧。

其實，幾乎所有流星都只能閃耀大概〇·二秒。要在〇·二秒內說出一次願望是很難的吧。不過，有時候也能看見所謂「火球」這種異常閃耀的流星，肉眼看得見的時間將近一到兩秒，這時，你的機會就來囉。請別焦急慌張，嘗試許願看看吧。

所謂的流星，是宇宙空間中直徑約一釐米至數公分的塵粒（dust），撞擊地球大氣層時，大氣層的空氣分子和汽化的塵粒成分發光的現象。

人們尚不清楚塵粒的確切重量。但藉由採集地球周圍宇宙空間中的塵粒，可發現，塵粒的構造不像子彈或沙粒那樣堅硬緊密，而是像棉絮或室內灰塵一樣輕飄飄的。因此推估，一般流星的重量超過〇．一公克，重的大概在一公克以內。

流星的質量，也能從流星在大氣層中的發光能量計算出來，計算結果約是〇．一至一公克，也幾乎吻合實際獲得物質（流星的塵粒）的重量推算值。

此外，流星當中有些會形成隕石而墜落到地面，所以在極少數情況下，也會有沉重無比的流星劃過天際。

星星流動的機制

流星又分成偶發流星與流星雨。所謂的偶發流星，是指完全無法預測在什麼時候，流向哪裡的流星；而流星雨是在某特定時期，從相同源頭方向，飛往四面八方的許多流星。

流星雨發生的原理

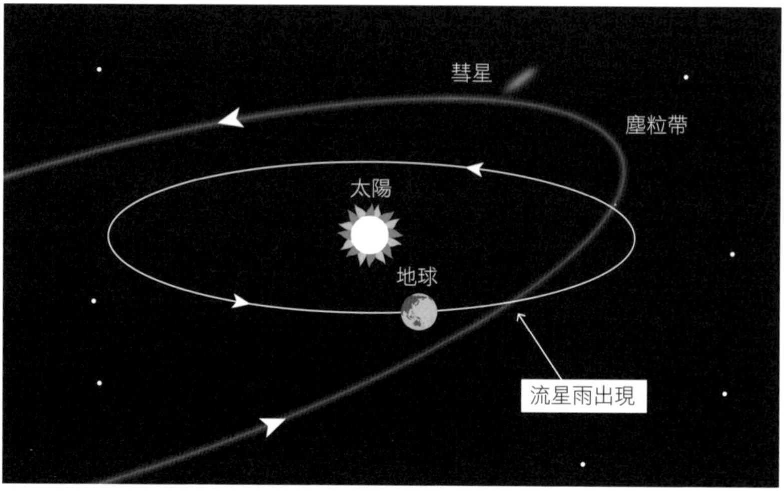

流星雨飛過來的源頭方向稱為輻射點，而流星雨的名稱會根據輻射點涵蓋的星座決定。

只要彗星一接近太陽，塵粒就會被釋放到彗星的行進路線（軌道上）。如果這種塵粒群與地球軌道交會，當地球運行到軌道交點時，就會有大量塵粒飛進大氣層。

地球切過彗星軌道的時期，每年幾乎都是固定的。所以，每年的特定時期（持續好幾天）就會出現特定流星雨。一月的象限儀座流星雨、八月的英仙座流星雨、十二月的雙子座流星雨被稱為三大流星雨，會穩定大量出現。

另外，獅子座流星雨曾在二〇〇一年大爆發，但是每年的流星數量並不穩定。獅子座流星雨的母天體是「坦普爾-塔特爾彗星」，這顆彗星的公轉週期是三十三年，因為相對年輕，行進路徑上的塵粒質地並不平均，因此以每三十三年為週期，流星出現的數量有時增加、有時減少。那些每年穩定出現的流星雨，都是從較遠古開始就環繞太陽的小天體所釋放出的塵粒。

英仙座流星雨或雙子座流星雨，算是比較穩定的流星雨吧。

英仙座流星雨的母天體，是名為「斯威夫特-塔特爾」的彗星，以大概一百三十年的週期環繞太陽公轉。另外，一般認為雙子座流星雨的母天體是小行星「法厄同」（Phaethon）。這個天體現在已不再像彗星一樣大量釋放出揮發性物質，可是人們認為，它過去或許曾和彗星有一樣的運行模式。

提高看見流星的機率

接下來，就具體說明看流星的方法吧。

流星觀測並不需要單筒或雙筒望遠鏡。要是用望遠鏡，可看到的範圍會變窄，所以不適用於一般觀測流星，請用肉眼欣賞即可。

首先，從走到戶外一直等到雙眼適應黑暗，最少也要持續觀測十五分鐘。人眼的瞳孔在光亮的地方會變小、在黑暗的地方會變大，但需要時間讓眼睛適應。雖然每人有個別差異，不過一般來說，雙眼得要避免直視地面的明亮光源（像日光燈或霓虹燈之類的街道光源，還有車頭燈等）維持十分鐘以上，以提高眼睛的感光度。

再來，我們無法預測流星會掠過天空的哪裡。流星雨也一樣，不見得在輻射點的星座附近就一定看得到，所以不用在意仰望位置。避開有霓虹燈的地方，或是明亮的月亮所在方位，會比較容易看到流星。

如果觀賞流星雨的方位接近輻射點的話，因為是朝我們這邊飛過來，所以會緩慢移動、劃出很短的閃耀路徑。另外，如果觀看方位遠離輻射點，流星則是迅速移動、劃出長長的閃耀路徑。所以，先確認輻射點位置，就能預測流星雨會從哪裡往哪裡移動，又是用什麼樣的速度運動。

一年之間的主要流星雨

流星雨名稱	出現期間	極大	母天體	出現量
象限儀座	1/2~5	1/3~4	—	★★★
4 月天琴座	4/20~23	4/21~23	柴契爾彗星 (C/1861 G1)	★★
寶瓶座 η	5/3~10	5/4~5	哈雷彗星	★★★
寶瓶座 δ 南	7/27~8/1	7/28~29	—	★★
摩羯座 α	7/25~8/10	8/1~2	—	★
英仙座	8/7~15	8/12~13	斯威夫特 - 塔特爾彗星	★★★★
天鵝座 κ	8/10~31	8/19~20	—	★
獵戶座	10/18~23	10/21~23	哈雷彗星	★★
金牛座南	10/23~11/20	11/4~7	恩克彗星 (2P/Encke)	★★
金牛座北	10/23~11/20	11/4~7	恩克彗星 (2P/Encke)	★★
雙子座	12/11~16	12/12~14	法厄同小行星	★★★★
小熊座	12/21~23	12/22~23	塔特爾彗星 (8P/Tuttle)	★

※「出現期間」是指流星出現數量較多的時間，出現期間的前後多少也會出現。表格介紹的是每年都看得到的流星雨。

在冬天確實做好禦寒準備，在夏天則是確實做好防蟲準備，避免蚊蟲叮咬，請以輕鬆姿勢，別過度勉強的好好享受流星觀測。

02 月球也有山脈和海洋？

探索月球的起源

月球是怎麼形成的呢？其實一直到今天，這個問題還沒有完全獲得解答。人們從前就對這個問題有很多說法，其中有像是「雙胞胎說」，認為月球就像地球的雙胞胎行星，是與地球一起形成的；另外的「捕獲說」，認為月球是碰巧經過地球的較小天體，被地球重力吸過來，從此開始環繞地球。這兩種說法現在已經被否定了，如今只有「大碰撞說」最具權威。

現今的月球探查計畫，還在持續探索月球起源的證據。人類會在幾年後再次登上月球呢？大家想到月球看看嗎？

自從一九五九年蘇聯（現在的俄羅斯）的「月球2號」登陸月球表面之

後，美國與俄羅斯相繼派出多臺無人月球探測器前往月球。美國在一九六〇到七〇年代進行的載人飛行「阿波羅計畫」，帶回了很多月球岩石。分析這些岩石之後發現，月球的表面結構很接近地球的地函結構。

換句話說，可以合理推測，太陽系形成後不久就有一個火星大小（約是地球質量的十分之一）的天體撞上地球，地球表層遭受破壞後，飛散到周遭的物質急速聚集，因此形成月球。

近年研究推測，火星的兩個衛星同樣也是因為大碰撞形成的。

月球上也有地名

繼俄羅斯、美國之後，將探測器送到月球上的是日本。日本宇宙科學研究所（現為宇宙航空研究開發機構，JAXA）一九九〇年發射的「飛天號」，在月球實際驗證了「重力彈弓效應航行法」（運用行星重力來改變航行速度的方法）。

而且JAXA還在二〇〇七年發射環月衛星「輝夜姬號」，來詳細調查月球。輝夜姬號值得一提的成果之一，就是運用雷射高度儀，製作出極為準確的月球表面地形圖。相關數據資料都公布在日本國土地理院的官方網站。

只要抬頭用肉眼看月亮，就能看見月球表面的黑色陰影，這些陰影在月球的地名中稱為「海」。日本自古以來，會把月球的陰影部分看成是兔子在擣痲糬。在國外則有各種不同的看法，有像是螃蟹、女人的側臉、看書的老奶奶、吼叫的獅子等。

只要用天文望遠鏡或雙筒望遠鏡觀察月亮，就能看到像是隕石坑（環形山）、山脈或峽谷等多樣化的地形。大家知道這些不同地形都有各自的名字嗎？

隕石坑是隕石墜落造成的坑洞，不同坑洞都以天文學家的名字命名。其中龐大而引人注目的是「第谷坑」和「哥白尼坑」，並稱為月球兩大隕石坑，因為它們具有呈放射線狀往外擴展的白色線條「射紋」，所以存在感格外強烈。

另一方面，看起來像隆起的地方稱為山脈。這部分會根據地球上的著名山脈命名，尤其是「亞平寧山脈」和「阿爾卑斯山脈」都是很容易觀測的山脈。

這些地形，反而在滿月時不太容易看見，這一點或許會讓人意外。當月球開始出現虧缺，太陽光斜照時，月球表面的凹凸出現陰影，月球地形看起來就會

月球地形與主要地名

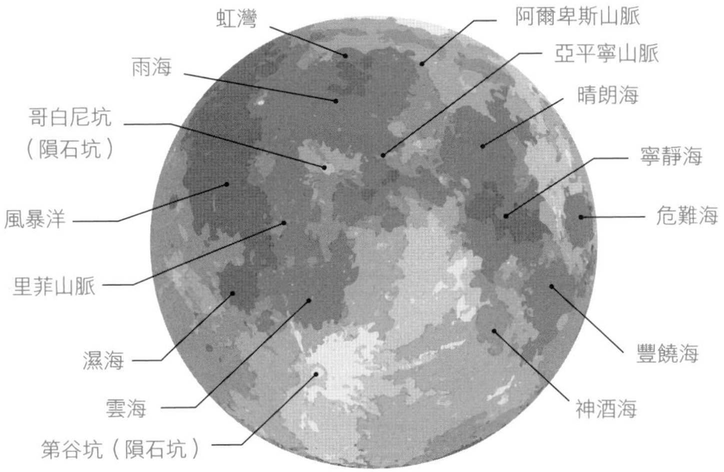

比較立體。

人類最初在月球留下足跡的地方，也就是「阿波羅 11 號」在一九六九年所著陸的是「寧靜海」。雖然叫做「海」，不過可沒有水在裡面。月球表面由於遭受巨大天體撞擊，岩漿從月球內部湧出地表，形成廣大熔岩地形。「海」之後又持續遭受眾多隕石撞擊，形成各個不同大小的隕石坑。

月球上特別白亮的「陸地」，是凹凸起伏很顯著的地形。所以人類第一次登陸月球，選擇的不是有危險性的「陸地」，而是比較安全的「海」。

月球內部是不均勻的？

輝夜姬號還有一個巨大成果是，釐清月球內部的密度分布。輝夜姬號當時縝密調查了月球整體的重力分布。它是怎麼調查的呢？原來是探測器環繞月球時，遇到重力較大的地方會被重力牽引，機體就會以較低高度飛行；相反的，在重力較小的地方，機體就會以較高的高度飛行，藉由這樣的差別就能確定月球重力異常的地方。

月球內部密度愈低，重力就愈弱，密度愈高，重力就愈強。

調查結果發現，月球正面（面向地球的那一面）和背面的重力分布，很明顯是不一樣的。這也就是說，月球的內部結構不像地球是同心圓結構，而是不均勻的。

假設月球沒有受到地球影響，是獨自形成的，那就會與很多天體一樣，內部結構都是同心圓狀。這一點，也支持前文所說的大碰撞說。

相關人員目前還在持續分析解讀輝夜姬號獲得的龐大數據資料。根據阿波羅號先前陸續在月球設置的地震記錄儀，還有輝夜姬號的數據資料分析解讀，也開始發現月球內部可能存在像地球外核一樣的液體層。

阿波羅號登月之後，除了美國、俄羅斯、日本，另外還有中國的「嫦娥1號」（二〇〇七年）、「嫦娥2號」（二〇一〇年）、實現月球軟著陸的「嫦娥3號」（二〇一三年），也有印度的「月船1號」等為數眾多的探測器在調查月球的祕密★。

★編註：至二〇二〇年為止，中國已成功發射過嫦娥4號、嫦娥5號探測器。

03 北極星會移動？

北極星要怎麼找呢

天空中有顆星星永遠保持相同位置，那就是在正北方夜空閃耀光芒的北極星。這樣的星星被稱為「恆星」。對於旅人來說，那就像是路標一樣的可靠星星。

只是，有多少人能在夜空中找到北極星呢？

正北方的天空中，最容易分辨的是北斗七星還有仙后座的排列，因為明亮的星星們排列成獨特的形狀，人們很少會看錯。特別是北斗七星，它也是大熊座的一部分，但它的排列一目了然。北斗七星總共有六顆二等星★和一顆三等星，排成很容易辨識的杓子形狀。

只要利用北斗七星，就能輕鬆找出北極星。七顆星星中，位於杓子裝水部分

尋找北極星的方法

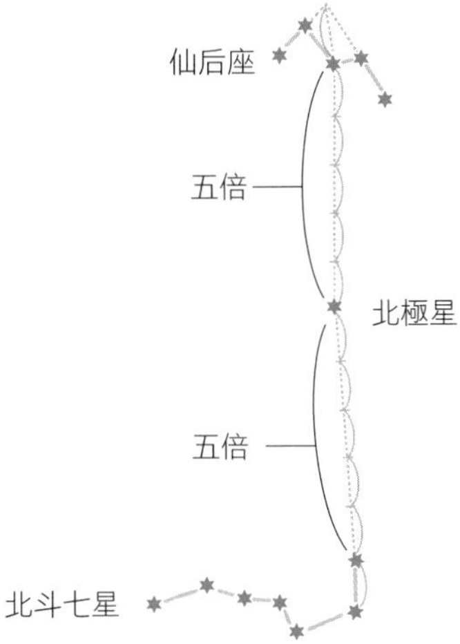

的前端那兩顆星，以線段連結，將線段往前延伸五倍距離，就能看到一顆閃耀光芒的二等星，那就是北極星。

另一方面，隔著北極星與北斗七星相對的是仙后座，從仙后座也能找到北極星。呈現W字型的仙后座，光芒與北斗七星相比稍弱，不過也算是容易辨識的星座之一。如上圖所示方法，可利用仙后座找到北極星。春夏季的北斗七星以及秋冬季的仙后座，會出現在容易找到的高度位置，請大家試試看。

★編註：這裡的亮度指的是視星等，是依人們眼睛在地球上看見星體的明亮強弱而定出的等級，也是後文描述星星亮度時主要使用的單位。

利用拳頭得知緯度的方法

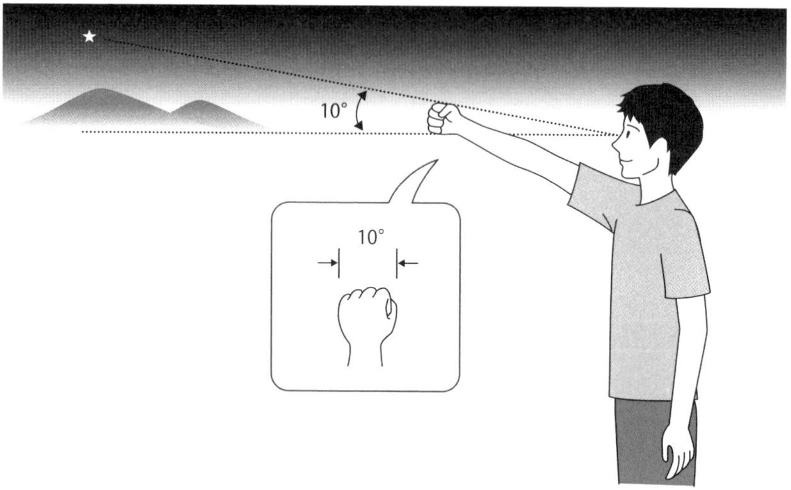

北極星是位於小熊座、地球之外四三〇光年距離的一顆恆星（像太陽一樣自己會發光的星星）。

因為北極星位於不會隨地球自轉而移動的位置，也就是北極點的正上方，所以找到北極星就能知道北方。北極星的正下方，就是地圖顯示的北方。

利用北極星得知緯度

北極星方便的地方不只是這樣。藉由北極星的高度角，還能知道自己位於地球上的什麼緯度（北緯）喔。在這裡介紹一下，不用特殊工具就能測量北極星高度角的簡易方法。

手臂往前完全打直後握拳。這時一個拳頭所佔的角度大概是十度。找到北極星，測量從地面到北極星的高度是多少個拳頭。在東京的話，大概是三個半拳頭；北海道是四到四個半拳頭；如果到沖繩去，應該是兩個半到三個拳頭。因為東京是北緯三十五度，北極星的高度角正好表示了緯度。

金字塔時代的北極星

即使是在缺乏正確測量方位工具的時代，埃及的金字塔建造完成後還是可以準確面向南北方。一般認為，當時就是以星星為標記鎖定方向。所以，古埃及人利用的是北極星嗎？

事實上，吉薩金字塔群的大金字塔（古夫法老王陵墓）建造於西元前約二五〇〇年，而現在的北極星在當時是位於正北偏西近二〇度的位置。難道，北極星移動了嗎？

像北極星這樣的恆星，並不會在天空自由移動。那麼這又是怎麼一回事

地球的歲差運動造成北極星變化

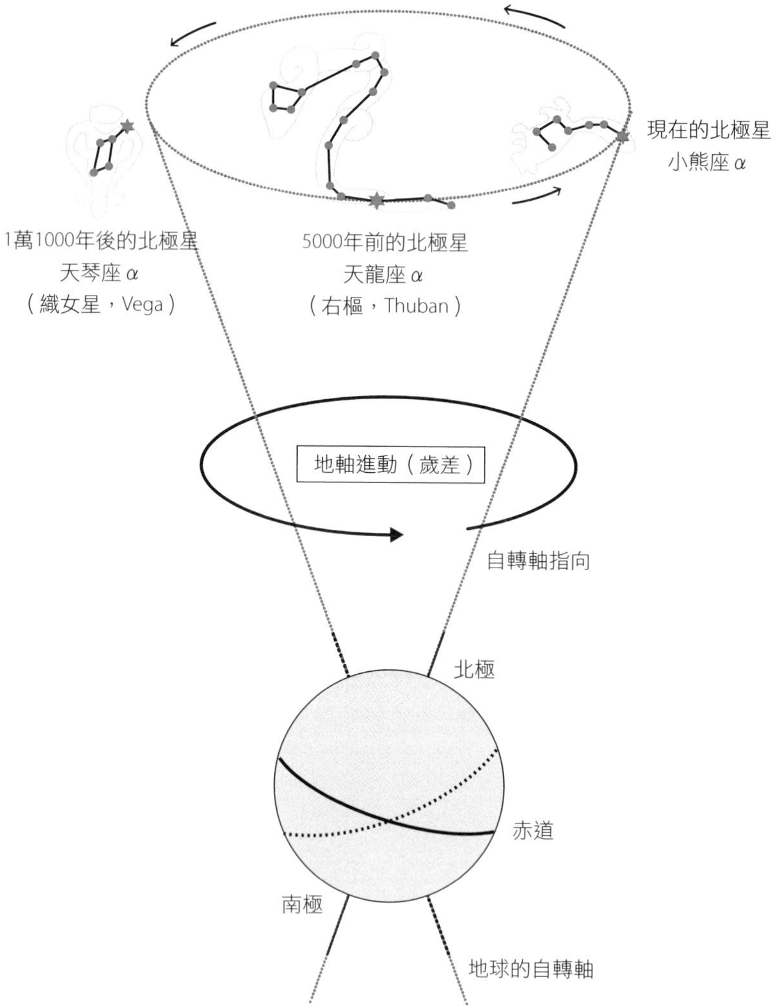

參考：《岡山的星體觀測》前原英夫 著／山陽新聞社

呢？真相並不是北極星移動，而是地球以地軸為中心擺盪所造成的。這種擺盪現象叫做「歲差運動」。

地球受到月球或太陽重力影響，自轉軸的傾斜會以約兩萬六千年的週期產生變化。

這樣的變化就像是陀螺擺盪旋轉的樣子。也因此，從地面看來就反而會變成好像是天球★上的星星以兩萬六千年的週期移動一樣。

現在，因為小熊座 α 很接近天空北極，所以被稱為北極星。但是，天空北極並不總是有顆固定的星星。其實，北極星在現今，正確來說是位於稍微偏離天空北極一度的位置上。

埃及金字塔建造之時，在接近天空北極的位置閃耀光芒的，是天龍座 α（Thuban）。而在距離現在約一萬一千年後，明亮的〇等星織女星（天琴座 α，Vega）就會成為標誌北極的星星。

★編註：天球是人們假想在地球外更大的一顆同心球，可用來描述星體位置，天空中的星體都投影在天球上。

04

夜空中明明有無數星星，為什麼仍黑漆漆的呢？

奧伯斯悖論

為什麼只要一入夜，天空就會變黑呢？

白天會這麼亮是因為有太陽照耀，晚上變黑是因為太陽下山後，月亮或星星的光與太陽相比是很暗的……。這是乍看之下小學生都能回答的簡單問題。

但是再仔細想一想，天空一片漆黑是很不可思議的耶。宇宙中有無數星斗，這無數的繁星看起來雖然小，但都閃耀著一定範圍的光芒，在星星之間的空隙中，也一定會有更遙遠的星星存在，所以整片天空應該都會被星星塞滿，因此大放光明才對。

星空就像森林一樣，被星星塞滿

這種情況舉例來說，就像進入森林深處環顧四周時，透過樹木的間隙去看，無論如何都能看到遠方樹木，間隙就像被填滿一樣，讓我們看不見森林外面的情況。

這樣的矛盾，以十八到十九世紀德國天文學家海因里希・奧伯斯（一七五八～一八四〇）的名字命名，長久以來被稱為「奧伯斯悖論」（Olbers' paradox），是天文學的難題。

理論上，夜空應該是明亮的

讓我們一起來了解星星的亮度吧。太陽與其他星星比起來特別明亮，不是因為太陽的性質有多麼特殊，而是因為它距離我們非常近。像太陽的亮度是視星等負二十七等。

表示星星亮度的單位中，有另一種是「絕對星等」。絕對星等的意思是，假設把所有恆星都排在三二．六光年（光年是光線在一年時間內所能傳播的距離）距離上的亮度，數字愈小代表愈明亮。太陽的絕對星等是五等星，在宇宙中，真的是亮度非常普通的星星。

星星看起來的亮度與距離的平方呈反比。例如，從三二六光年之外看絕對星等為一等的星星，距離是三二．六光年的十倍，亮度則變成百分之一，這樣的亮度看起來會是六等星。

相反的，同樣的星星從三．二六光年的近距離來看，會變成大概等同於負四等星（亮度與金星相同）的亮度，看起來十分明亮。

另一方面，如果考慮整個星空的星星，會是怎麼樣呢？

考慮天氣條件良好的情況，在很暗的夜空，視力好的人肉眼可見的星星亮度，大概是「視星等」六等星。從最明亮的星到六等星為止，全天球之中的星星總數大概有五千六百顆，其中有半數都能在地平線以上看到，所以，在沒有月光的晴朗夜晚，肉眼可見的星星近三千顆。

使用單筒望遠鏡的話，能看到的星星數量與亮度又如何呢？如此能夠看到比肉眼可見的六等星更暗的星星。就算只是用市售直徑約八公分的天文望遠鏡，在理想條件下甚至能看到十二等星。這樣計算起來，全部能看到兩百萬顆星星。而且，如果使用的是夏威夷毛納基山天文臺的口徑八．二公尺的昴星團望遠鏡，可觀察到十八等星，統計起來能夠看到三億顆星星。

像這樣往下思考，「距離地球愈遠的星星光芒愈微弱，不過星星數量也會等比例增加，所以夜空應該是明亮的。」奧伯斯的這個主張，想一想好像也沒錯。但是，實際上夜晚卻是一片漆黑。到底是什麼造成這樣的矛盾呢？

逼近謎底的各種說法

針對「奧伯斯悖論」最簡單明快的一種說法是，所有恆星都以地球為中心有規則的排列。換句話說，排在後方的恆星，就像藏在後面一樣。

但是，地球又不可能位在宇宙的中心，星星也沒有任何理由會那樣排列，所以後來就被否決了。

另一方面，從以前到現在始終有人認為的說法是，星星的光芒在抵達地球的過程中會減弱。事實上，宇宙空間並不是完全的真空狀態，其中散布著稱為「星際物質」的氣體或微塵，雖然微乎其微，不過還是會吸收星光或讓星光變得散亂（稱為「星際吸收」）。

星際物質具體來說是分布在星星之間的分子雲或暗星雲等。一般認為星際物質中有九十九％是以氫與氦為主成分的氣體，剩下大概一％是以碳或鐵等為主成分的塵埃。特別是塵埃會吸收光線，所以愈遙遠的天體，光芒就愈弱。

由於星際物質大幅沿著銀河（銀河平面）分布，因此憑藉可見光遠眺這個方向的確很困難；但是除了銀河以外，人們可以看到滿遠的地方。因此，光靠「星際吸收」是無法解答「夜空為什麼一片漆黑」這個問題。

推理作家察覺的夜空祕密

最先逼近「奧伯斯悖論」謎底的，是一位出乎意料之外的人物。那就是十九世紀的美國作家埃德加・愛倫・坡。這位以《莫格街殺人事件》、江戶川亂步★的筆名由來而家喻戶曉的作家，他在晚年發表的《我發現了》（Eureka）中是這麼說的。

「如果星星無限綿延相連，那麼背景的天空看來就會像銀河所呈現的一樣閃耀光芒吧……因為在這整體背景中，並沒有任何一處是沒有星星存在的。在此狀態下，我們的望遠鏡卻能隨處發現沒有星星的空虛之處，要理解這樣的事實，唯一的論述就是，雙眼看不到的背景距離實在太遠，來自那裡的光芒現在還沒抵達我們這裡。」

出自《Darkness at Night: A Riddle of the Universe》艾德華・哈里森 著

★譯註：江戶川亂步（1894~1965）是日本的名推理作家，還曾在偵探事務所實際擔任過偵探。

一九二九年，美國天文學家愛德溫・哈伯發現，愈是遙遠的星系就愈是以高速離我們遠去。由於遙遠星系的後退速度超過光線速度，所以更深處的資訊根本就傳不過來地球這裡。也就是說，就像愛倫・坡想的那樣，宇宙因為有道牆（宇宙學視界），所以我們沒辦法一覽無遺的看到無限的遠方。

愛德溫・哈伯
（一八八九～一九五三）

宇宙果然在發光

宇宙中隔著牆嗎？為了回答這個問題，讓我們來回溯宇宙的起源吧。

目前被視為強有力的宇宙論「大霹靂」，是從一九四〇年代開始提倡。這個學說認為，宇宙是以所謂「大霹靂」的狀態變化為開端，在火球之中誕生。宇宙從大霹靂之後不斷膨脹，過程中誕生了氫或氦等元素的原子核，電子開始在宇宙空間中四處自由穿梭。這些電子會阻礙光子（光的基本粒子）行進，所以光沒辦法直線傳播，整體陷入混沌狀態。

隨著宇宙逐漸膨脹，溫度一再下降。在此同時，電子的運動能量降低，電子也因此被吸收進氫或氦的原子核裡。結果，原本被電子所阻礙的光子，開始可以在宇宙空間中傳播了。這個瞬間，就稱為「宇宙的放晴」。

那時，在宇宙中被釋放的光變得怎麼樣了呢？

如果說，這些光以可見光（肉眼可看到的光）的形式，在宇宙中筆直傳播，那麼現今在地球上的我們仰望夜空，應該能看到一片光輝燦爛。但是事實不是這樣，這是有原因的。那些被釋放的光，由於「紅移」的關係，變成雙眼看不到的光，也就是電磁波。

紅移與都卜勒效應

「紅移」這個詞聽來很不熟悉吧。或許有人在學校的物理課學過「都卜勒效應」這個詞。

紅移與都卜勒效應

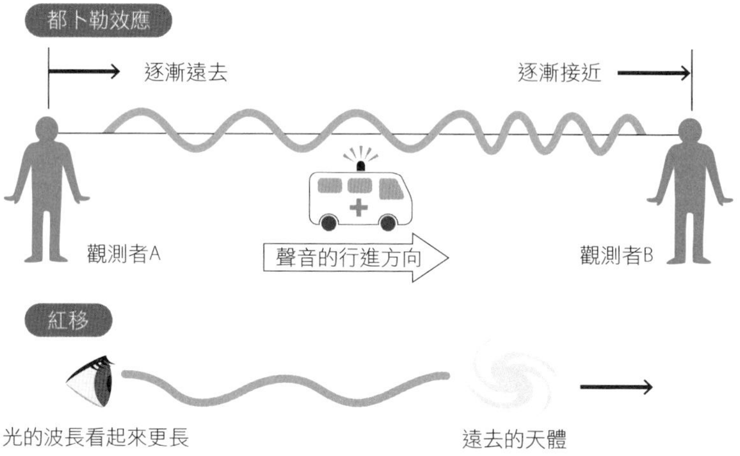

例如有個會散發音波或電磁波（光）的物體，逐漸靠近自己時，波長會變短、頻率變高；相反的，波離自己遠去的時候，波長會拉長、頻率變低，這就是都卜勒效應。

大家應該都聽過救護車鳴笛的聲音變化。救護車逐漸靠近自己時，跟救護車從眼前駛過並逐漸遠去時相比，後者的聲音聽來比較低沉。順道一提，如果在池塘等地方發現豉甲這種水生甲蟲，請仔細觀察牠們在水面游泳形成的波紋，你會發現，牠們前進方向的波紋幅度比較窄，後方波紋的間隔愈來愈寬，這也是都卜勒效應。

星光也是一樣的道理。宇宙膨脹，讓星星離我們愈來愈遠，高速散發到宇宙的光，從地球看來，波長會變長，看起來會變成紅光，這就叫做「紅移」。自從大霹靂以來的一百三十八億年間，光的波長已經被拉長許多，現在不只變成紅光，已經超過紅外線範圍，成為絕對溫度相當於3K（270℃）的電磁波（微波），從宇宙四面八方傳播到地球，這就叫做「宇宙微波背景輻射」。

一九六五年由美國貝爾實驗室的彭齊亞斯與威爾遜發現的宇宙微波背景輻射，正是覆蓋著整片天空的光。只是因為宇宙膨脹的關係，那些光的波長已達到我們雙眼觀測不到的範圍。如果我們的雙眼，連微波都能感知，那就像奧伯斯所說的那樣，夜空是一片光明的。

星星的壽命很短暫

關於奧伯斯悖論，還有一個原因可解釋夜空一片漆黑的現象。那就是，如果只靠雙眼可見的星星來讓夜空大放光明，那麼這些星星的年齡（宇宙的年齡）太年輕了。

發現到這一點的，是活躍於十九世紀後半的英國科學家威廉・湯姆森（之後被稱為克爾文男爵）（一八二四～一九〇七）。宇宙裡的星星接二連三誕生，要是所有誕生的星星都能持久閃耀，那麼有無限的星星誕生，然後永遠存在下去，理論上，夜空應該是一片光明的。

不過實際上，明亮光輝的星星，壽命大約數千萬年到數億年，就算是長壽的暗星也大概是百億年左右。在宇宙誕生後的一百三十八億年間，星星就這麼反覆誕生然後死去。所以，不可能有無限增加的星星，照亮整片夜空。

湯姆森發現，光靠恆星的光芒來照亮夜空的話，那恆星的壽命實在太短暫了。他運用物理學的計算證明，必須把宇宙擴展成目前的十兆倍，要不就得把星星的密度或壽命放大到極度懸殊的倍率，否則夜空不可能變得明亮。

就像前面所說的，光靠星星的亮度沒辦法讓夜空亮起來，這也證明「宇宙是有限的、星星的壽命也是有限的」。

雖然理論上夜晚
應該是明亮的，
但是為了好好睡一覺，
還好晚上會變暗呢。
嘟嘟
囔囔

05

勇者俄里翁右肩消失的那一天

獵戶座的紅色一等星

據說日本人最熟悉的星星排行榜中，與北方天空的北斗七星並駕齊驅的，是冬天的王者獵戶座（Orion，俄里翁），它由兩顆一等星和五顆二等星構成像鼓的形狀，是排列很有特色的星座，只要記住了就不會忘。

星座故事中的勇者俄里翁腰帶位置的三顆星，以縱向的排列從東方地平線登場，然後又以幾乎橫向的排列，逐漸通過南方天空高處。換句話說，星座從東方天空，一路移動到南方天空、西方天空，觀察到的角度也會隨之慢慢改變。請試著觀察，隨著時刻變化，而改變傾斜角度的勇者身影。

獵戶座中有一顆恆星，在不久的將來可能發生超新星爆炸而廣受注目。那

獵戶座與參宿四

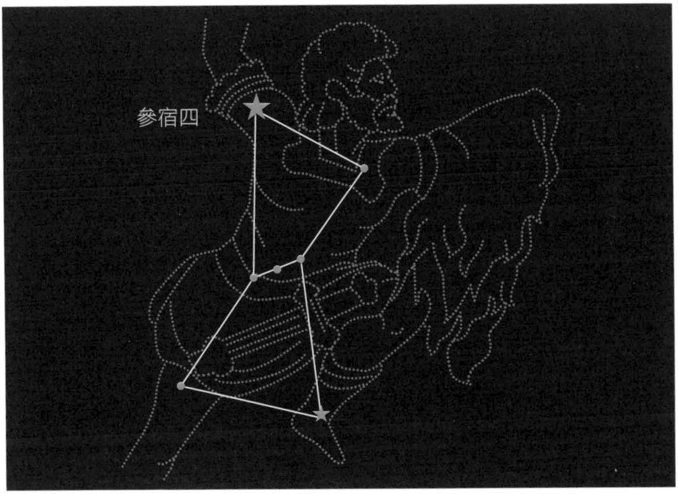

就是獵戶座的紅色一等星參宿四。它與大犬座的天狼星、小犬座的南河三形成冬季大三角，是天空中第九亮的恆星。

一般來說，恆星過完一生，就會大幅膨脹變成紅巨星，質量輕的恆星會成為行星狀星雲，然後變成白矮星；而重的恆星會歷經超新星爆炸，最後成為中子星或黑洞。

參宿四是直徑約為太陽一千倍的超級紅巨星。假如把參宿四放到太陽的位置上，它的尺寸大到可以直逼木星附近。根據哈伯太空望遠鏡的觀測得知，參宿四的直徑每年都在變化，表面不是平坦形狀，而是凹凸不平的。這些觀測結果顯示，參宿四已經邁入晚年，就它的質量來看，之後也將歷經超新星爆炸，結束一生。

參宿四已經爆炸了？

人類過去曾目睹超新星爆炸的情況。像是金牛座牛角尖端的蟹狀星雲（M1），就是在西元一〇五四年爆炸的星星殘骸。一〇五四年當時星星爆炸的光芒，即使在白天都還看得到，且持續好幾天，日本歌人藤原定家的日記《明月記》，也記錄了這個傳聞。這個現象，在中國文獻中被稱為「客星」記錄了下來，不過歐洲等其他各國卻沒有記載這起不可思議的事件。

一般預測，在我們居住的銀河系中，超新星爆炸發生的頻率平均大概是一百年一次。只是很不巧的是，在發明了天文望遠鏡之後的這四百年間，並沒有出現明亮的超新星。

在獵戶座的俄里翁右肩的參宿四，在日本古代被叫做「平家星」，與位於俄里翁左腳的「源氏星」★（參宿七）同樣為日本人所熟知。

對於俄里翁的老齡星體參宿四即將邁向生命終點，天文學家無不摒息以待的守候。地球與參宿四相距六四〇光年，能以這樣的近距離目睹超新星爆炸，將是人類史上頭一遭。到時候，不但能揭曉一直未完全釐清的超新星爆炸機制，人們也非常期待，藉此獲得人體組成元素的重要資訊。

或許，就在今晚便能目睹參宿四爆炸的情況，但是多數天文學家認為，參宿四將在百年之內爆炸。參宿四一旦爆炸，或許會有三到四個月期間，人們即使在白天都能看到亮度相當於滿月的一百倍的燦爛光輝；而在四年之後，那樣的光芒就會減弱到肉眼再也看不到。換句話說，俄里翁將澈底失去他的右肩。

不過，太陽系到參宿四約有六四〇光年的距離，因為光線需傳播六四〇年，所以就算超新星已經爆炸，我們在六四〇年之間都無法發現這樣的事實。所以才會說，參宿四也有可能已經爆炸了。

★譯註：源氏與平家為日本古代兩大氏族，在平安時代末期為爭權展開一連串的鬥爭與征戰，是日本著名的歷史事件。

06

出去旅行才看得到的星空

日本是天文臺大國

仰望滿天繁星——居住在城市裡的人，很難有這樣的機會。

看看人造衛星所拍攝的日本列島夜晚的樣貌，日本列島的形狀看起來好像是由路燈、道路或鐵軌的燈光描繪出來的。搭乘夜班飛機的人或許也察覺到，日本幾乎所有地方都因為住家、商店街、道路、賽場夜間照明等，在夜晚仍充滿閃耀的光芒。

或許也有人想離開日本，前往擁有美麗星空的紐西蘭或北歐各國，但是，就算不出國，日本國內也有好幾個很棒的觀星地點。

例如，日本全國對大眾開放的天文臺設施，也就是公共天文臺，就超過四百處。公共天文臺之多，可說是日本的獨特文化。據說，日本的鄰國韓國大概有五十處。在海外地區提到「天文臺」，通常是指大學或研究機構擁有的研究設施，日本人可能在全世界中算是很喜歡星星的吧。

全世界最大的公共天文臺是日本兵庫縣的西播磨天文臺。西播磨有日本最大口徑的兩公尺反射望遠鏡，能觀測到肉眼無法確認的遙遠宇宙情況。如果說西播磨是日本西部龍頭，那麼東部龍頭則是縣立群馬天文臺。群馬天文臺也有口徑一．五公尺的反射望遠鏡。

日本最北端與最南端的星空

我親身造訪過的公共天文臺，最北端的是日本北海道名寄市立天文臺。這是在二〇一〇年開臺的市立天文臺（北緯四四度二三分）。它也是一座會舉辦各種音樂活動的獨特天文臺。

最讓人驚訝的是，在這裡所觀測到的天鵝座的一等星天津四，一年到頭都不會落到地平線以下。在日本許多區域中，掠過夏季夜空正上方的都是夏季大三

冬季的夜空中（12月），在名寄市看到的天津四

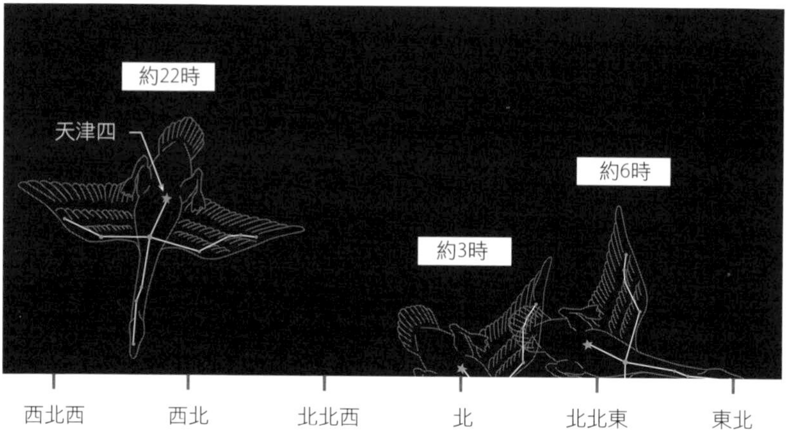

角的天琴座織女星，不過在北海道這裡，是天津四掠過夜空正上方。

包含天津四在內，天鵝座的星星排列也被稱為「北十字」，不過在日本許多區域，只要一到秋天，北十字就會沉入西方天空。

但是在緯度高的北海道名寄市，位於北十字尖端的天津四就是永不沉落的星星，也就是一顆「拱極星」。

另外，我去過的最南端公共天文臺，是日本沖繩縣石垣島的「石垣島天文臺」。這是一座由當地石垣市、國立天文臺等六方共同使用的特別天文臺。

這座天文臺位於二四度二二分，比北海道名寄市的緯度低二十度。石垣島天文臺的特徵在於口徑一．〇五公尺的「Murikabushi望遠鏡」。Murikabushi在沖繩方言中，意思是「昴宿星團」。

每到春天，在石垣島能看到南十字星（到六月中旬前是觀測的好機會）。在日本想看到南十字星全貌，即使是位在沖繩，不南下到石垣島附近是不可能看到的。如果是石垣島這裡，就連最接近太陽系的恆星，半人馬座的α星都看得到。

在哪裡看得到北極星？

天空中共有八十八個星座。在地球上不同經度的地方，能看到一樣的星座，但是會隨春夏秋冬逐漸變化；另一方面，在不同緯度的地方，即使季節一樣，所能看到的星座也不相同。

例如，位於天球南極（南天極）附近的星星，人們必須跨越赤道到南半球去才看得到。在日本的人就完全看不到接近天球南極的四個星座（南極座、天燕

位於天球南極周邊的四個星座

座、蝘蜓座、山案座）。

相反的，位於南半球就看不到北極星。如果站在北極點，抬頭看正上方就能看到北極星，不過到了赤道，就會看到幾乎貼到地平線的北極星。

在北半球迷路時，可以依靠北極星，因為北極星不但顯示北方，北極星的高度也能換算為自己所在的緯度（見第二十四頁）。

此外，全天球中，擁有一等星以上亮度的恆星有二十一顆。最明亮的恆星是大犬座的天狼星，為負一．五等星，再來是船底座的老人星，為負〇．七等星。

只是，北日本沒辦法看到老人星，還有幾乎全日本都沒辦法看見南十字座的一等星（十字架二、十字架三）。在日本國內只有到石垣島等八重山群島，才看得見全部二十一顆一等星。

因此，有些星體要在特定地點、特定季節，還有特定環境才看得到。我覺得享受旅行地點獨有的天體觀測，可以讓我們的人生更豐富一些呢。

07 火星上有生命存在嗎？

火星大接近

夜空中可能有顆紅色的星星閃耀著。那顆星星會沿著太陽的軌道（黃道）附近移動，也就是從東方天空移動到南方天空，然後在西方天空逐漸下沉，發出顯眼的紅色光芒，那就是火星。

在冬天，能在金牛座、雙子座等南天高空的星座中看到它；夏天的話，能在天蠍座、射手座等南天低空的星座中看到它。火星繞著太陽公轉，每一．八八年（一年又十個月）繞一圈。而地球則是每年公轉一圈，所以火星和地球繞行太陽的速度並不一樣。

天體運行的路線叫做「軌道」。火星和地球分別以自己的步調在軌道上運

火星接近地球

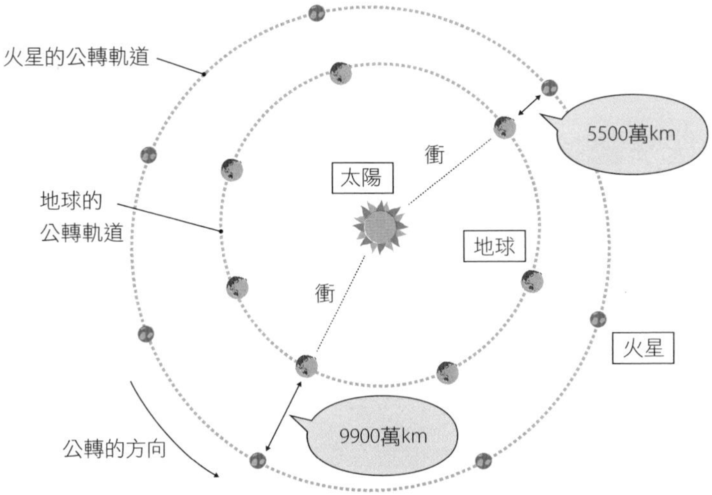

行，每兩年兩個月，太陽、地球和火星的位置會排列成一直線。當這三者以太陽─地球─火星的順序排成一直線時，就叫做「火星衝」。在這個時期，火星極為接近地球，並且因為火星位於太陽的反方向，只要在火星衝期間，地球上的我們可見火星在夜晚的南方天空閃耀光芒。

在每次的火星衝之中，火星位置最近接地球的時候，彼此的距離是五千五百萬公里。

而在每次的火星衝中，地球和火星距離最遠時，可達到九千九百萬公里。同樣都是火星衝，距離會有這麼大的差異，主要是因為火星的公轉軌道是橢圓形的。地球的軌道嚴格說來也是橢圓形，只是與火星一比，地球軌道不圓的情況還算輕微。

二〇一八年還有二〇二〇年是觀測「火星大接近」的大好機會。一般的火星接近，看到的亮度大概就是比一等星再亮一些而已，大接近時，會變得異常明亮、大得有點嚇人。火星這樣的樣貌，在歷史上也曾經引發各種騷動。

日本在一八七七年發生西南戰爭，同年九月西鄉隆盛*自盡。那時候，火星與地球的距離約為五千六百三十萬公里。火星與地球排列成衝的位置，據說直到深夜，火星都持續閃耀著等同於負三等星的光芒。

當時的人把閃耀詭異紅色光芒的火星，稱為「西鄉星」，有人在火星表面看到西鄉身影的傳言也久久無法平息。

尋找火星人

火星上有火星人嗎？一直以來，這個主題被好多小說或電影做為題材，令人興味盎然。

十九世紀末到二十世紀初，美國有位叫做帕西瓦爾・羅威爾的大財主，因為一個契機完全迷上了火星，整件事情要從「火星表面看得到運河」的錯誤消息說起。當時，義大利的天文學家斯基亞帕雷利（一八三五～一九一〇）留下火星的詳細畫稿，圖中畫了很多條直線狀的地形，斯基亞帕雷利以canale（義大利文意思是「水道」）來解釋。據說這個詞後來被誤譯成英文的「canal＝運河」，讓羅威爾深信火星上住著能建造運河的高等生物，也就是火星人。

羅威爾因此投入私人財產，在亞利桑那州打造私人天文臺，一頭栽進了火星觀測。其實在距今大約百年前，一般大眾都普遍相信有火星人的存在。

結果，羅威爾就在還沒搞清楚火星人真假的情況下，懷著對火星文明的想像走向生命的終點。人類一直到一九六〇年代發展火星探測器之後，才認知到「火星上沒有火星人」。

英國作家H.G.威爾斯受到上述火星運河說的影響，在一八九八年發表《The

★譯註：西鄉隆盛（1828~1877）是日本江戶時代末期武士、政治家，明治維新指導者之一。

War of Worlds》（世界大戰），這是一部科幻小說名作，內容描述一群擁有比人類更高度文明的章魚模樣火星人入侵地球。四十年後，著名演員奧森・威爾斯以廣播劇的形式播放這部作品。

這齣廣播劇於一九三八年在全美播出，設定是火星人入侵美國。播出時，就算數度說明「這是廣播劇」，還是在全美引發大恐慌。許多聽眾竟然都誤以為火星人真的攻打過來了。

持續進展的火星探測

時間推移到二十世紀後半，邁入太空開發時代，無人探測器接二連三造訪火星。美國於一九六四年發射的探測器「水手4號」，獨步全球首次成功完成火星的近距離攝影。

只要看看水手4號傳送回來的圖像就會發現，根本沒有絲毫生物存在的動靜，更別說是運河了。人們也藉此了解到，火星的大氣壓力只有地球的一百七十分之一，平均氣溫是負二十三度，環境相當嚴酷。只是，「火星是否存在生命」

或者「過去是否存在生命」的相關爭論，直到現在還是沒有明確答案。

火星看起來是紅色的，這是因為它的表面覆蓋一層含有鐵鏽，也就是氧化鐵的砂礫。而且火星和地球一樣，由於地軸傾斜二十五度，所以會出現四季變化。火星薄薄的大氣層中，主要成分是二氧化碳。

到目前為止，蘇聯、美國還有歐洲發射了為數眾多的火星探測器。NASA在二〇一一年十一月，發射重量約一噸的火星探測車「好奇號」，並於二〇一二年八月順利在火星著陸。好奇號擁有六輪驅動，能攀越巨大岩石。

根據好奇號的探測結果，可以知道火星岩石含有黏土礦物和硫酸鹽礦物。黏土是粒子極細微的矽酸鹽礦物，應該含有水分。科學家藉此推測，在這些礦物堆積的時代，火星表面的水中所含的鹽分並不多，性質接近中性。

遠古的火星，難道不是被平穩海洋覆蓋，適合誕生生命的環境嗎？好奇號至今還沒有發現任何甲烷氣體等有機物質或是生命的痕跡，但人們對今後的探測滿懷期待。

08

看到就有好運的星星？

冬季星空的看點

想要仰望夜空的話，最推薦的就是冬季的星空了。因為冬季時期，只要天氣晴朗，空氣就會很澄淨，夜空會非常美麗。

而且，冬季的星空十分華麗，足足有七顆一等星（以上亮度的星星）。其中最引人注目的，就是在東南方低空看得到的大犬座天狼星。天狼星是負一．五等星，距地球八．六光年，距離很近，在夜空中是一顆獨秀的璀璨恆星。

從天狼星開始順時針找過去，依序是小犬座的南河三、雙子座的北河三、御夫座的五車二、金牛座的畢宿五、獵戶座的參宿七，連結起來就是被稱為「冬季大鑽石」的大六角形。而且六角形中，還有一顆獵戶座的參宿四綻放橘色光輝。

冬季大鑽石

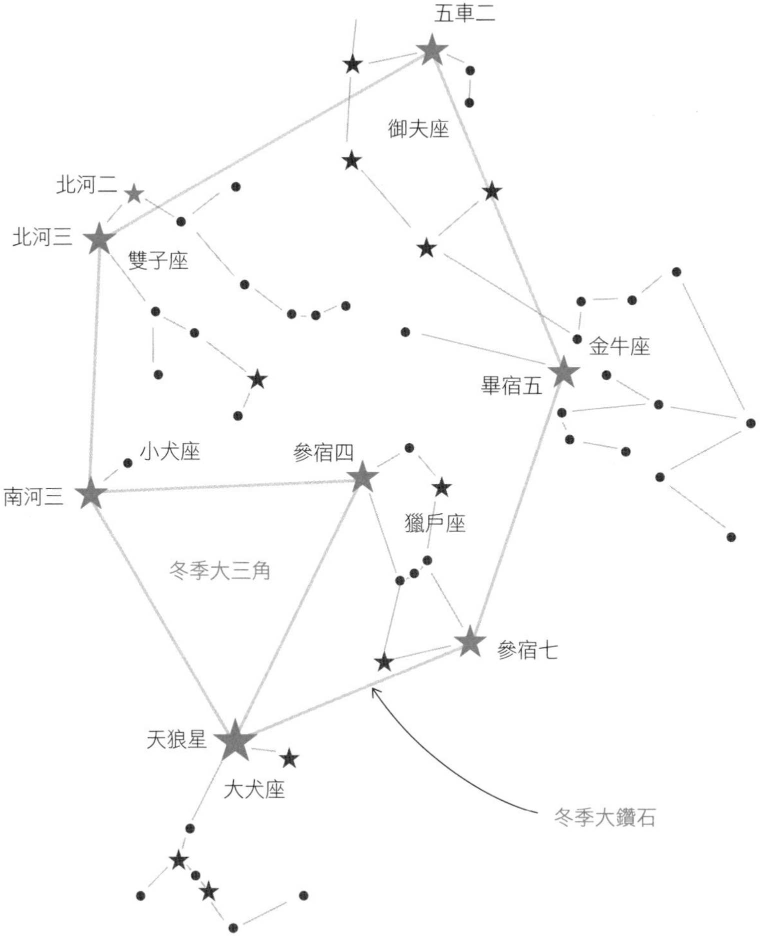
五車二
御夫座
北河二
北河三
雙子座
金牛座
畢宿五
小犬座
參宿四
南河三
獵戶座
冬季大三角
參宿七
天狼星
大犬座
冬季大鑽石

從地球上觀看夜空，除了月亮與行星之外，連成星座形狀的這些恆星的亮度排序，第一名是負一．五等的大犬座天狼星（距離地球八．六光年），第二名是負〇．七等的船底座老人星，第三名是〇等的南門二（春季、南方天空）、大角星（春季）、織女星（夏季）這三顆，可見冬季的星空非常豪華絢爛。

老人星又被稱為「南極老人星」，實際上就算想看也很難看到。

來看老人星吧

天狼星與獵戶座的參宿四（〇．四等）、小犬座的南河三（〇．四等）組成「冬季大三角」的形狀，是很容易觀察的星星。另一方面，老人星雖然在天空中是第二明亮的恆星，但看過的人應該很少，因為老人星位於南方低空，只能在地平線附近稍微看到它的身影。

也因此出現了「看到老人星就會有好運」的傳說。日本的鄰國中國，把這顆星稱為「南極老人星」，人們相信「這顆星在戰亂時會隱匿，只有天下太平時才會現身」。我們找到老人星時，除了祈禱長生、健康，也祈求世界和平吧。

老人星的位置幾乎在天狼星的正南方（稍微偏西），在天狼星以南的三個半拳頭位置（三五度），所以天狼星來到正南方之前的時間，會是觀測老人星的好時機，但必須是在能看到南方地平線、海平線的開闊場地才看得到。很遺憾的是，緯度在日本福島縣以北的地區大概都很難看見它。

老人星在天球上的赤緯是負五二·七度，觀測的最北極限是北緯三七度一八分，位置大概是在福島縣磐城市。只是，接近地平線的星光會因大氣折射，看起來比實際位置更高。

如果把大氣折射也考慮進來，從新潟市連接到福島縣相馬市這條線附近是觀測的北限，但認識的人告訴我，似乎也有人在日本山形縣的月山觀測到。從一月底到二月中旬這段時間，空氣較為澄淨又乾燥的日子比較多，也比較容易在東京觀測到。

因為老人星會出現在地平線的低處，它的光線會被大氣吸收，不像一等星那麼亮，儘管它本來就是顏色泛白的星星，不過根據和夕陽同樣道理（傍晚時可穿越大氣層的光線波長較長），它看起來會像是紅色的星星。在地平線晴朗澄淨的夜

找尋老人星的方法

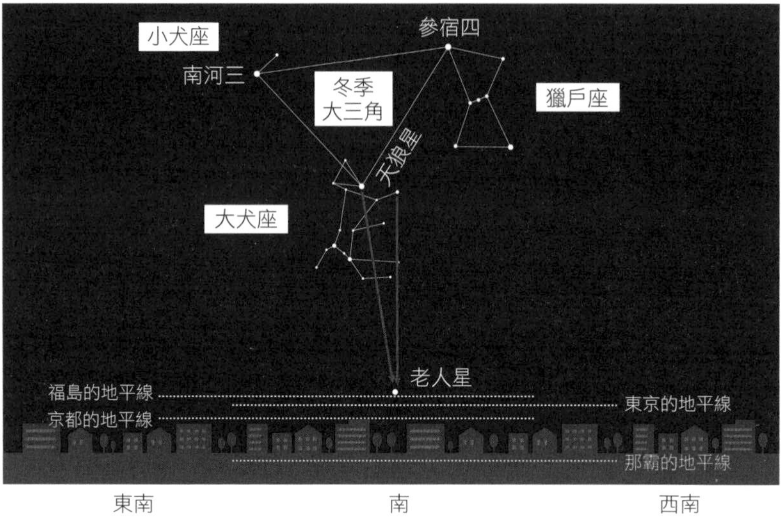

晚，請一定要試著找找看老人星喔。

清少納言推薦的星星

另外還有一個希望大家在冬季夜空中一定要觀測的天體，那就是「昴宿星團」。「星子，當屬昴宿（最美麗明亮）」如同日本平安時代的歌人清少納言在《枕草子》寫的一樣，昴宿星團在冬季天空中格外有魅力。

《枕草子》是這麼說的「星子，當屬昴宿（最美麗明亮），（其次是）彥星、夕星，婚星也有些趣味。」（前述這三種星，在現代所指的依序是織女星、金星、流星）所以說，清少納言推薦觀賞的天體有昴宿星團、織女星、金星、流星。

在金牛座紅色眼睛的一等星畢宿五右上方不遠處，金牛座的背部有一群星星聚集在一起，那就是昴宿星團。用肉眼看起來是一團星星，日文別名「六連星」（中文別名「七姊妹星團」）。透過雙筒望遠鏡觀察昴宿星團，看起來就好像是散落在夜空中的寶石一般的美妙景象。昴宿在國際上一般稱為Pleiades，編號為M45。這個星團是所謂的「疏散星團」，是新生星星的組合。

另外，往獵戶座的腰帶上的三顆星星正下方看，會看到像是一團薄薄雲層的獵戶座大星雲。星星就是來自這種密集的氣體，然後在像是昴宿星團這樣的天體中誕生；等到老邁時，就又會釋放出這些氣體，接著結束一生。從那些氣體之中，又將會誕生出下一代的星星。

太陽就是繼承了很久很久以前，在某處的星星所釋放出的氣體而誕生，然後地球以及我們這些生命也才能從中誕生。這麼一邊思考著，一邊仰望冬季夜空，就會覺得自己和宇宙是互相緊緊連結的。

09 天體撞擊地球！

逼近地球的小行星

從太陽系誕生一直到現在的四十六億年歷史中，天體之間持續不斷發生撞擊。人類很幸運的是，到目前為止從未經歷過重大的天體撞擊。但是，地球過去也曾經遭受天體撞擊，據信導致恐龍滅絕，對地球生物造成嚴重影響，多次使得許多物種滅絕。

就像電影《世界末日》、《彗星撞地球》所描述的一樣，小行星或彗星撞擊地球是可能在不久的將來發生（應該說，總有一天一定會發生）的現象。

多虧了日本小行星探測器「隼鳥號」的活躍，許多日本人開始得知，被稱為「小行星」的天體其實就在我們身邊。所謂的小行星，是在太陽系裡和行星一樣環繞太陽公轉，但是沒有被列入八大行星（像水星、金星、地球等）的小型天體。雖然很難用肉眼看到所有小行星，但是目前已經發現超過九十萬顆小行星。用望遠鏡觀察，可以看到小行星是如同普通星星一樣的光點，而同樣是太陽系內的小天體，彗星，則呈現擴展開來的外觀。只是近年來也發現了介於兩者之間的天體，小行星和彗星的區別已經變得不太明確了。

小行星中，較為大型而且擁有「準行星」別稱的穀神星，直經約達九百五〇公里。它的大小約等同日本列島，由此可知和地球相比是很小的。幾乎所有小行星，直徑大概都在數十公里以下。至於「隼鳥號」曾探訪過的小行星「糸川」，直徑只有五百公尺左右。

大部分的小行星都位於火星與木星之間的小行星帶。其中也有很接近地球的，像是糸川或是探測器「隼鳥2號」探訪的小行星「龍宮」，還有小行星編號為433的愛神星、小行星1566號伊卡洛斯等，它們又稱為特殊小行星，或NEO（Near Earth Object，近地天體）。

太空警衛現正活躍中

一般認為，六千六百萬年前撞擊墨西哥猶加敦半島，造成恐龍滅絕的天體，可能是直徑大約十公里的小行星。除了小行星以外，拖著長尾巴的彗星也可能撞擊地球。

另外，很多已不再使用的火箭或人造衛星，還在地球周遭飛來飛去，這些太空裡的廢棄物被稱為「太空垃圾」。雖然太空垃圾的體積比小行星或彗星小得多，但是每年都在增加，很有可能撞擊人造衛星或國際太空站（ＩＳＳ），而引發重大災害。監控NEO、彗星、太空垃圾動向的這種工作，就叫做「太空警衛」。國際太空警衛基金會（International Spaceguard Foundation）就在國際合作下，致力於發現和監控可能撞擊地球的小行星、彗星等近地小天體。在JAXA的委託下，日本主要負責這個工作的是ＮＰＯ法人日本太空警衛協會。

日本太空警衛協會擁有位於岡山縣的「太空垃圾暨地球附近小行星觀測設施」，包括上齋原太空警衛中心與美星太空警衛中心。國際上像是美國、義大利、俄羅斯等，比日本更加熱衷投入太空警衛。成果特別顯著的有新墨西哥州的

LINEAR（林肯實驗室近地小行星研究計畫）還有夏威夷的NEAT（近地小行星追蹤計畫），這些都是以機器人望遠鏡（可自動觀測）運作的巡天觀測計畫。

有避免天體撞擊的方法嗎？

那麼，當我們發現會撞擊地球的天體時，實際上該怎麼做才好呢？要是不想辦法避免撞擊，地球就沒有未來了。如果是像彗星或小行星那種小天體，讓它們偏離軌道（天體運動的路徑）並非不可能。而且只要讓軌道有一點點改變，就可避免與地球相撞。相關人員正在研究各種方法，但無論如何，到時候都必須在大型火箭上裝載用於改變小天體軌道的太陽能電池或火箭引擎等，並迅速送到小天體上才行。

例如，把太陽能電池送上太空，在小天體上軟著陸，張開由太陽能電池板所組成的巨大風帆。

接著利用來自太陽的能源，就像帆船乘風前進那樣，來改變小行星的運動。另一個方法是把火箭引擎送上太空，軟著陸後，藉由點燃引擎改變小行星的

太陽能風帆的運作

行進方向。

以前也曾有人提案利用核子武器。但這很可能造成不僅太空空間，還有地球大氣的汙染，所以多數意見主張禁止使用。

不過，要是朝地球而來的NEO或彗星已經離地球很近，那就束手無策了。就算在撞擊地球之前破壞它，也會有碎片墜落地球，可能引發像是隕石墜落這樣的嚴重損害，根本無法避免對地球的影響。

太空警衛中心簡直就像是出現在科幻故事裡的地球防衛軍一樣，肩負著守護人們生命的重責大任。此外，日本太空警衛協會表示，天體撞擊地球造成人員死亡的機率，幾乎等同於飛機失事時人員死亡的機率。當天體撞擊地球時，根據天體大小決定了人類是否滅亡。

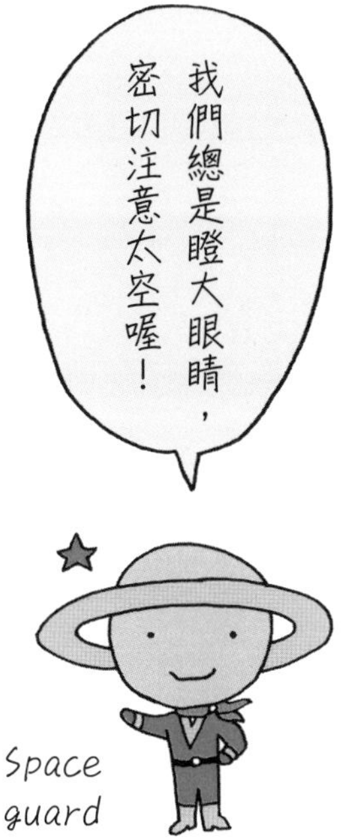
我們總是瞪大眼睛，
密切注意太空喔！
Space guard

Part 2

有趣到睡不著的天文學

01 土星環是由什麼形成的呢？

人氣第一的行星

土星因為是帶有環的行星而聲名大噪，在天體觀測活動中最受歡迎，不對，應該說是受歡迎程度無星能及。用小型天文望遠鏡也看得到土星，因此如果有人還沒看過，請務必試試觀賞它。

土星的直徑大概有地球的九倍（在太陽系中僅次於木星），質量高達地球的九十五倍，是個巨大的氣體行星。儘管如此，在天文望遠鏡裡看到的土星卻非常嬌小可愛，這或許也是它受歡迎的祕密。

一九九七年美國太空總署NASA發射的土星探測器「卡西尼號」，歷經七年旅程（三十二億公里），在二〇〇四年抵達土星附近，之後探索了土星和環繞土

伽利略看到的土星

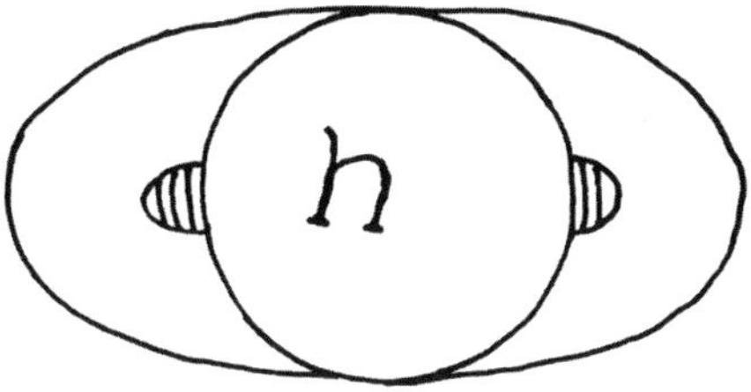

伽利略・伽利萊
（1564～1642）

星的衛星。卡西尼號的活躍，幫助人們接二連三發掘有關土星的新知。

例如，土星環是由微小冰粒形成的。卡西尼號傳送回來的圖像顯示，有高達數千圈重疊的細環，外環直徑超過二十萬公里，卻非常薄，最薄的地方只有三公尺厚。也因此，每十五年會出現從地球上完全觀察不到外環的時期。

第一個用天文望遠鏡觀察到土星的人，是四百多年前的義大利科學家伽利略・伽利萊。當時他寫道，土星附著像花瓶把手一樣的東西。伽利略目睹土星的時期，正好是外環看來最傾斜的時候，所以就像是星球附著大把手一樣吧。

順帶一提，如果土星環是在太陽系正形成之際，約四十六至四十億年前的遠古形成的，那麼外環受輻射的影響，應該已經泛黑。不過實際上外環是閃耀著白色光芒，所以之前主要認為「土星環是在最近形成」。

但近年來，根據超級電腦的分析，發現土星環中的冰塊總是重複著「破壞、再形成」的過程，所以可常保閃耀著白光，因此土星環說不定從遠古就已經存在了。

備受矚目的衛星「土衛二」

人們後來也了解許多關於土星衛星的知識。特別是土星的最大衛星泰坦（土衛六），它因是「擁有大氣的衛星」而受到關注；但近年來，最讓研究者傾心的衛星另有其星，土衛二（恩塞拉多斯），在此之前它是沒沒無聞的衛星。

土衛二距離土星約二十四萬公里，以大約三十三小時的週期繞行土星公轉。土衛二的直徑平均約五百公里，是土星的衛星中第六大的。

土衛二的樣子

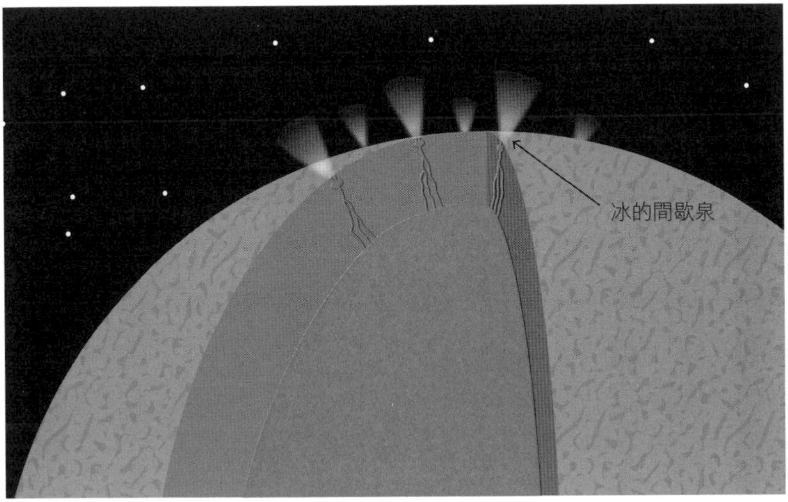

根據卡西尼號的探測結果，土衛二的北半球遍布隕石坑，這是衛星常見的樣貌，不過，南半球卻幾乎沒有隕石坑。

接近土衛二南極的地方，有四道平行延伸的巨大裂縫。那些裂縫長約一百三十公里，深達數百公尺，冰粒會像間歇泉一樣從斷層中噴出。

這種類似火山噴發的活動，在木星的衛星木衛一（伊俄）或海王星的衛星海衛一（特里頓）中都有發現，而土衛二的噴冰可說是太陽系內最壯觀的景色。後來也發現，土衛二噴發的冰粒形成了土星環中最外側的

E環。

有些科學家預測，土衛二的內部有廣闊海洋，其中或許存在生物。

帶來諸多成果的卡西尼號探測器，於二〇一七年九月撞上土星，完成使命★。

土星周遭，除了泰坦和土衛二，還環繞著六十個以上各具特色的衛星，就好像是一個迷你太陽系呢。

土星環與衛星

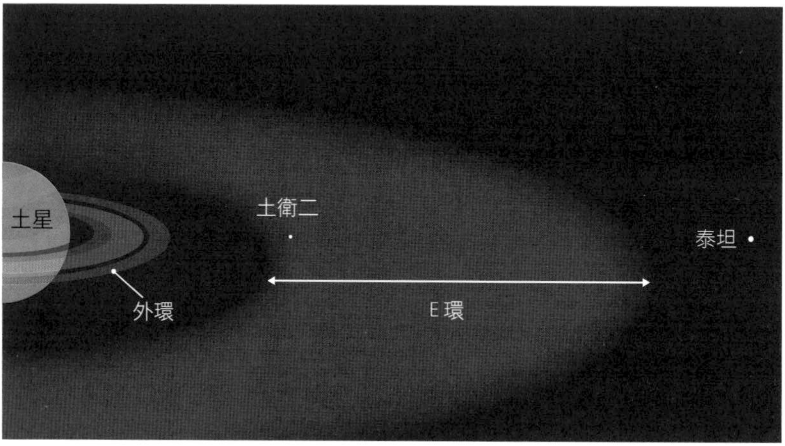

★編註：卡西尼號因燃料耗盡，在二〇一七年九月十五日進入土星大氣層中焚毀，以避免它帶有的地球物質汙染到土星環境。它在最後一刻前持續收集資料，把訊號傳回地球。

02

為什麼月亮一直跟著自己走？

月亮意外的很遙遠

小時候，晚上在路上行走時，大家有沒有覺得月亮總是跟著自己移動呢？從汽車或電車的窗戶往外看風景時，會覺得景物飛也似的移動遠去，愈近的景物移動愈快，愈遠的移動愈慢吧。

可是就只有月亮，會讓人萌生一種錯覺，覺得它總是只跟著自己朝同樣方向前進。「自己是這世上被特別挑選的人呢」，我年幼的心靈忍不住這麼想。到底為什麼會發生這種現象呢？

這是因為，月亮跟地面上任何風景相比，實在離得非常遠。

月球與地球相距三十八萬公里，相當於三十個地球排列起來的長度。

2度大概是多少呢？

假設地球最遠兩端的人同時間觀測月亮，月亮的位置大概只有角度二度的差異。所謂的「二度」大概是手臂往前伸直觀看食指時，食指的寬度所顯示的角度。

換句話說，位於地球的這一端與另一端的人所看到的月亮位置，差異僅僅一根手指寬度，所以無論我們在地表上多麼高速移動，月亮的位置看起來幾乎沒有改變，所以視覺上會有錯覺，覺得它始終都跟著我們往同一方向移動。

因地球自轉緣故而造成月亮位置移動，這個改變的幅度反而比較大，如果整晚觀察月亮，就會發現月亮和太陽、星星一樣，從東邊升起，經過南邊天空，移動到西邊。

動畫裡的月亮形狀不合理！

一般在小學時會學到月亮圓缺變化的月相，請大家回想一下當時的情景。教科書或圖鑑裡，通常有像下一頁的說明圖。

很多孩子直到眉月、弦月為止的原理，都還能順利理解，到了滿月的位置，就會流露困惑神情。月球是因為反射太陽的光芒，看起來才會發光。這樣的話，當月球運行到滿月的位置時，難道不會被地球的影子擋住，因而不發光嗎？

其實在宇宙中，月球並不像這張圖一樣緊接在地球旁邊，而是相距三十八萬公里，因此很難在紙張上描繪出正確比例的圖形。請想像一下，直徑是地球四分之一的月球，在距離三十個地球遠的地方，接收太陽光的照射。

而且從地球看過去的月球軌道（白道）與太陽軌道（黃道），兩者之間大概有五度的夾角，所以月球並不會進入地球的影子裡，月球一整面都能被太陽照

教科書刊載的月相圖

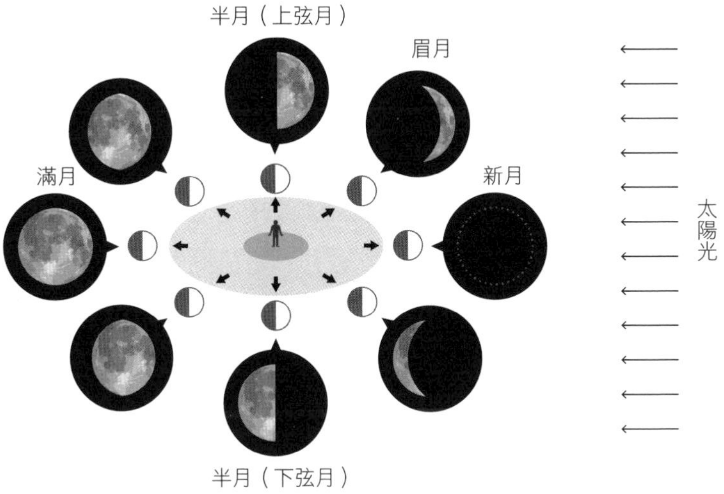

亮。正因為有這種微妙的軌道偏差，才有太陽—地球—月球排成一直線時的罕見現象「月食」。

大家可以測試一下，請周遭的人畫出眉月。如果很理解月相，就會知道動畫中出現的那種尖銳月牙形狀，實際上是不可能的。根據畫出來的圖，就能知道對方是否理解月亮的圓缺變化。

有時看起來很大，有時看起來很小

一年之中最大的滿月，愈來愈常被稱為「超級月亮」（超級月亮不是學術用語，而是俗稱）。

月球運行的軌道並不是正圓形，而是有點橢圓形。月球離地球最遠時大概距離四十萬公里，最接近時，大約略少於三十六萬公里。而這最接近地球時的滿月，看起來會比平均值的滿月更大一些，但是，兩者的直徑差異只有大概〇．〇五度而已。

月亮感覺比較大時，反而是在月亮接近地平線的位置。高掛天空閃耀的月亮，感覺上比位在地平線時還要小，這是錯覺所造成。我們通常憑藉月亮離地上物多遠，或是用怎樣的仰角觀看月亮，而感受到月亮的大小不同。但是不實際拍照比比看，是無法真正區別月亮大小的。

日出與月出有什麼不一樣？

太陽是以一年為週期規律的移動，像春分、夏至、秋分、冬至這些日子，太陽都具有規律的日出時刻和方位。相較之下，月亮形狀的天數（月齡）或月出時刻等，就算專家也很難掌握。

這是因為我們是使用以太陽移動為基準的曆法「陽曆」來過日子。另一方面，伊斯蘭國家使用的是根據月亮圓缺週期而制定的曆法「陰曆」，所以至少比我們更能掌握月齡和月出時刻。關於曆法的詳細說明，就留給其他單元（第一〇九頁），在此讓我們來確認一下日出與月出的差別吧。

日出，指的是升起的太陽上緣與地平線重疊的瞬間；日落，是下沉的太陽上緣與地平線重疊的瞬間。換句話說，因為太陽所佔的空間（視直徑約〇．五度），測定日升日落時，白晝時間會長一點。所以，就算是太陽從正東方升起、正西方落下的春分、秋分的日子，白晝與夜晚的長度也並不相等（這是日本入學考試常有的陷阱題）。

另一方面，月亮有圓缺變化，不會永遠都是滿月的正圓形，而眉月或弦月升起時，缺失部分並非總是和地平線垂直，所以常常出現缺少月亮上緣輪廓的情況。因此，測量月出、月落的時刻，會以月亮中心點為準。

03 太陽的壽命還有多久？

太陽正值壯年

太陽現在的壽命換算成人類的，相當於四十五六歲左右，這正是人類身強體壯的時期。太陽的實際年齡是四十六億歲，理論上來說，它會持續發光發熱到大約百億歲，只是並沒有確切證據來證明它可一直穩定維持相同的亮度。

太陽與地球大約是在同一時期形成。經由調查墜落到地球上的隕石年齡，還有阿波羅號帶回的月球岩石年齡後，可知太陽系是在四十六億年前誕生的。

像太陽這樣的「恆星」和地球不同，它主要是由氫氣構成，並且藉由氫的核融合反應而綻放光明。也就是說，四十六億年前懸浮於太空中的氫氣聚合形成了太陽，而後太陽周圍又形成了行星。像這樣的星球誕生場景如今仍在宇宙中上

獵戶座大星雲M42

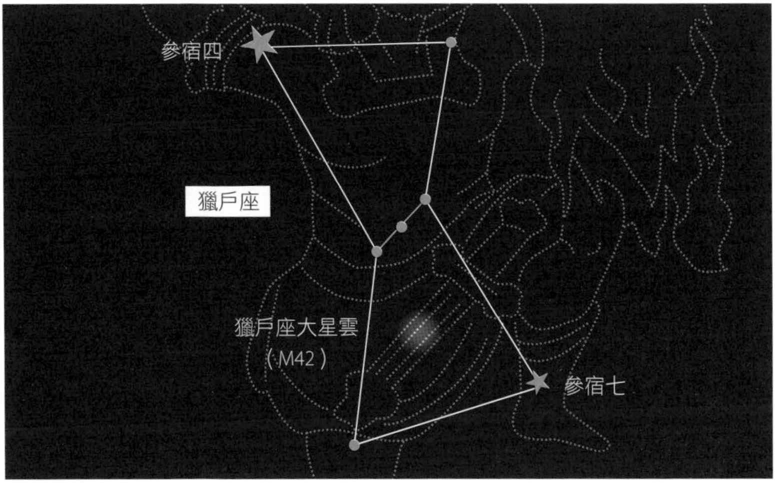

演，可透過望遠鏡觀測。

迎接成年禮的星星

太空中聚合的氫氣等物質，稱為「星雲」。讓我們看看冬季的夜空，獵戶座的腰帶三星下方，有一排「小三星」，連起來的形狀就好像俄里翁掛在腰上的匕首。如果很～仔細觀察小三星正中央那顆星星（用肉眼不容易看清楚，請使用雙筒望遠鏡觀測），可以看到像雲一樣擴散開的物質，這就是獵戶座大星雲Ｍ42。

Ｍ42是很具代表性的星雲，無光害時用肉眼也能觀察，而這裡正是星星誕生的現場，距離地球一四〇〇光年。用大型望遠鏡仔細觀測獵戶座大星雲，會發現好幾團小型的雲狀氣體，在這一團一團裡都會有星星誕生。

四十六億年前，太陽和其他許許多多的星星一起誕生。但出生之後，每個恆星各自轉動，散布各處，經過了四十六億年，到現在已經不知道哪些是同一家的兄弟姊妹星了。

再往獵戶座的右邊看過去，你會看到有一群閃閃發光的星星聚在一起，那就是「昴宿星團」。它們是剛剛長大成人的星星（距離地球四一〇光年）。

昴宿星團是很典型的疏散星團，編號M45，用肉眼就能夠數出六到七顆星星，如果用天文望遠鏡觀察，則可以看到數十個恆星聚集在一起。

「昴」字在日文中有「收聚、統合」之意，換句話說，有「合作生活」的意象。就像《枕草子》所說的「星子，當屬昴宿……」，是日本人很喜歡的天體。現在獨自閃耀著白色光輝的太陽，在剛長大成人時，或許也是這種藍白色的星星呢。

太陽死亡時會如何呢？

恆星在達到相當於人類的二十歲之前就已經成年了。成年的恆星藉由氫的核融合反應穩定發光，像是太陽可持續這種狀態長達百億年，這也就表示，太陽的氫燃料如今還可運作五十億年再多一些。

順帶一提，剛長大成年的昴宿星團的星星，年齡大概有數千萬歲。依照恆星的一生有百億年來考慮，那就好比人類不滿一歲就長大成人了呢。

恆星出生時的質量會決定一生的長度（壽命）以及結束一生的方式。太陽在恆星中算輕的，它在演變末期會歷經紅巨星的階段，緩緩釋出外側氣體，之後變成甜甜圈狀的星雲（行星狀星雲）。這樣的氣體會滲入宇宙空間，最後也會擴散到地球來。

太陽大約在五十億年後進入紅巨星的階段，一般預測，那時的太陽會膨脹到足以吞噬金星的大小。

經過計算，那時地球會脫離現在的軌道，在更外側環繞太陽公轉。此時地球上會陷入一片高溫，生物無法存活。只要我們都還留在地球上，大約五十億年

恆星的一生

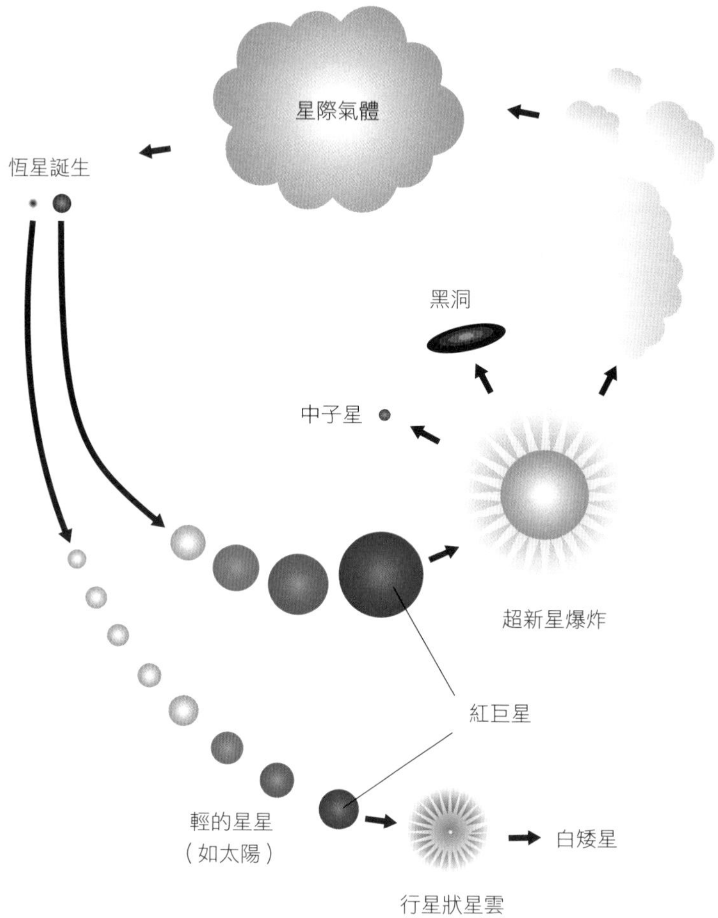
星際氣體
恆星誕生
黑洞
中子星
超新星爆炸
紅巨星
輕的星星
（如太陽）
白矮星
行星狀星雲

後幾乎所有生命都將邁向終點。

像太陽這樣的恆星，過完一生將結束時，會膨脹得很大，變成紅巨星；質量較輕的恆星會歷經行星狀星雲，再變成白矮星；質量較重的恆星會歷經超新星爆炸，最終成為中子星或黑洞。超新星爆炸的瞬間，會形成比鐵還重的金、銀、鉑等元素。宇宙初期只有存在氫和氦等元素，但恆星內部藉由核融合反應，形成了氧、氮、矽、鎂等，比鐵輕的元素。

自從一百三十八億年前宇宙誕生，直到四十六億年前太陽系形成為止，太陽系附近的宇宙空間大概重複經歷過二十次超新星爆炸。結果，原本只有氫、氦的宇宙，到目前已產生了九十多種元素。以元素層面來說，我們這些生命都是從星星中誕生的「星星之子」。

04 如何和外星人接上線？

蘊含生命的星球是哪顆？

除了地球之外，宇宙中還存在其他蘊含生命的星球吧？從地球誕生文明的數千年來、從天文望遠鏡發明之後大約四百年來、從探測器到達月球或其他行星的時代到現在經過了五十年，至今，我們在地球以外的星球或宇宙空間，連小細菌之類的生物都還沒發現過。

但是一般認為，隨著天文學和宇宙探測技術的進步，人類距離長期以來始終在追尋的「發現地外生物」，只剩下一小步了。

太陽系內，或許存在像細菌一樣的早期生命。存在這種可能性的候選地，包括火星，木星的衛星木衛二、木衛三，土星的衛星泰坦等。在不久的將來，探測器實際造訪後，或許就能發現生命的痕跡。

但很遺憾的是，除了地球以外，我們幾乎可以確定智慧生命體並不存在於太陽系內，因為沒有任何相關的跡象。也因此，一般認為，如果宇宙存在智慧生命體，或許是位在太陽系外側的廣闊空間，也就是環繞其他恆星轉動的行星或衛星上。

距今約二十年前，人們發現了環繞太陽系外恆星運行的行星，被稱為太陽系外行星或系外行星。直到目前★為止，這樣的行星數量已經超過四千顆。

早期發現的系外行星，是直徑在地球數倍以上的巨大氣體行星，但是隨著天體觀測技術的進展，也開始發現與地球大小相似的岩石行星。

適居帶

假設存在宇宙的生命體，擁有與地球生命體相似的構造或成分，生命的誕

★編註：至二〇二一年一月底為止，已發現超過四千三百顆系外行星。

生就需要液態水。我們的身體主要由水和有機物組成，想合成出像蛋白質或核酸等大分子的複雜有機物質，就需要有容易進行化學反應的環境。也就是說，需要水、有機物質、適當的溫度。

要是行星距離太接近恆星，表面的水就會完全蒸發，相反的，要是距離恆星太遠，溫度太低，水就會結冰。水能以液體狀態存在的範圍，在天文學上稱為「適居帶」（habitable zone）。

適居帶，意味著生命居住的可能性。在太陽系中，適居帶範圍是大概〇．八到一．五天文單位（太陽與地球的距離稱為一天文單位，距離是一億四千九百六十萬公里）。

火星很勉強的擠進適居帶環境內。如果是木星或土星的衛星，藉由與行星之間的潮汐力或衛星內部熱源的影響，也可能形成適居帶環境。潮汐力，就像是地球與月球不同的位置關係，而引發漲退潮那樣，這是兩個天體之間的重力造成兩個天體變形、或使兩個天體內部加熱的力量，較小天體受到的影響較大。

如果真的有智慧生命體居住在地球之外的天體，那麼覆蓋著豐富液態水

適居帶

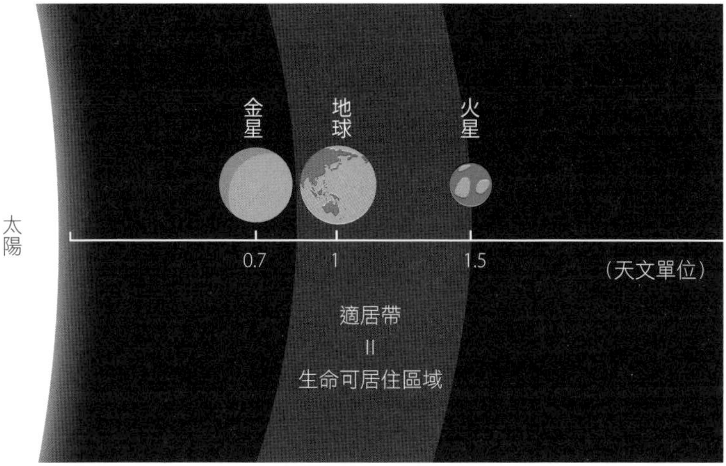

(海洋)和氧氣等大氣層的行星,首先就會被列入可能名單之中。日本國立天文臺正計畫在夏威夷毛納基山上的昴星團望遠鏡附近,打造稱為TMT(Thirty Meter Telescope,口徑三十公尺望遠鏡)的巨大望遠鏡。這是日本、美國、加拿大、中國、印度等多國合作的大型計畫。

直接觀測系外行星,發現地球外生命存在的線索,是TMT的重大目標。如果運氣夠好的話,藉由TMT等地面超大型望遠鏡或太空望遠鏡的活躍,或許在二〇三〇年前後就能在系外行星上發現生命。

與智慧生命體互相通訊

當發現疑似有生命存在的星球，可以藉由電磁波或光線向那邊傳送訊息。如果是距離地球二〇光年之外的星球，往返四十年後或許就能收到回應。但也有可能，在地球之外，別說外星人了，連任何生命都不存在。

不過，如果將來發現智慧生命體（外星人），我們人類的價值觀也會大幅翻轉，同時也會重新審視只顧眼前事物的生存方式吧。這麼說雖然有些誇張，但是能否發現「另一個地球」，與人類的生存方式息息相關。

那麼，讓我們來想像一下，要是智慧生命體存在太陽系附近的宇宙中，要怎麼與那個智慧生命體溝通。

離太陽系最近的恆星「比鄰星」在二〇一六年八月被發現有一顆行星，假設那顆行星或是環繞那顆行星的某個衛星上存在智慧生命體，雖然目前也還沒發現那個衛星。地球到那裡的距離是四．二二光年，以光速運行需要耗時四年以上。電磁波與光線的速度一樣，所以是以秒速三十萬公里的高速在宇宙中前進。

如果是以電磁波或光線從地球向比鄰星那裡的智慧生命體傳送訊息，收到回覆最快也是八．四四年之後的事情了，真是很需要耐心的對話。因此，對話內容就顯得非常重要了，大家會想問些什麼呢？又想要傳達什麼呢？

電影《星際大戰四部曲：曙光乍現》中，曾出現莉亞公主利用全像投影（holography）向歐比王・肯諾比傳送訊息的場景。

等到我們能與智慧生命體通訊時，全像投影或許將取代我們現今日常生活中使用的網路視訊電話，成為主要的資訊傳達方式吧。彼此雖然會有時間差，但是屆時我們可在虛擬實境中享受與外星人對話，就彷彿比鄰星人近在眼前一樣，甚至也可能會有猶如實際去到那個星球的虛擬體驗。

來自宇宙的訊息

利用地面的電波望遠鏡捕獲外星人捎來的訊息，這樣的活動稱為SETI（Search for Extra-Terrestrial Intelligence，搜尋地外文明計畫）。另一方面，人們也極力嘗試用無線電波等方式從地球向外星人傳送訊息。

其中很有名的是卡爾・薩根博士（一九三四～一九九六）等人，從波多黎各阿雷西博天文臺的巨大電波望遠鏡，向武仙座的球狀星團M13傳送的電波訊號。訊號是用二進位編成的密碼，內容包含地球上生命的居處、我們身體的成分和體型大小，還有世界人口等基本資訊。

在世界各地，包含日本，都有認真投入尋找外星人的研究人員。而美國的法蘭克・德雷克（一九三〇～）和卡爾・薩根是這個領域的先驅。

他們開拓性的SETI研究，從那時之後也有許多年輕的後繼者傳承下去。美國的SETI研究所，從二〇〇七年起以艾倫望遠鏡陣列（ATA，Allen Telescope Array）持續觀測來自智慧生命體的電波訊號。全球各地也都在嘗試捕捉來自外星人的訊息，只是到目前為止，還沒有接收到那樣的訊號。

今後SETI的進展，最受國際期待的是國際合作大型計畫SKA（Square Kilometer Array，平方公里陣列）。

SKA並不是SETI專用的電波望遠鏡，而是一項規模宏偉的專案計畫，預計於二〇二〇年代在南非與澳洲兩處基地，建造成能力相當於口徑一平方公里電波望遠鏡的望遠鏡陣列。日本的電波天文學家也為了在之後加入ＳＫＡ計畫，而積極籌備中。

也有人提出這樣的計畫，是利用ＳＫＡ在十年內分析來自一百萬顆恆星的電波訊號，找出智慧生命體發出的訊號。

05 搜尋第二個地球的「外星人方程式」

德雷克方程式

在浩瀚的宇宙空間中，存在多少智慧生命體（＝外星人）呢？有人認真計算過這樣的問題，那就是美國的天文學家法蘭克・德雷克博士。他預測宇宙中可能有多少顆星球建構出文明，而那些星球與地球通訊的可能性有多大。

一九六一年，法蘭克・德雷克博士發表「德雷克方程式」，這是以科學方法推斷，在涵蓋我們太陽系的銀河系中，可能與地球人通訊的文明數量（存在智慧生命體的星球數量）的方程式。

可出現文明的星球，不是像太陽這種恆星，而是環繞恆星的地球型行星（類地行星），又或者是和地球有相似環境的衛星。讓我們利用德雷克方程式，

德雷克方程式

$$N = R_{*} \times f_{p} \times n_{e} \times f_{l} \times f_{i} \times f_{c} \times L$$

- N：在銀河系中，可能與地球人互相通訊的智慧生命體所居住的星球數量
- R_{*}：我們銀河系中恒星形成的速度
- f_{p}：銀河系內擁有行星系統的恒星比例
- n_{e}：單一恒星系統中，位於適居帶（生命可能存在的區域）內的行星平均數量
- f_{l}：在n_{e}的行星上，生命實際誕生的比例
- f_{i}：誕生的生命演化為智慧生命體的比例
- f_{c}：智慧生命體進行星際通訊的比例
- L：能進行星際通訊的文明的推估存續期間

試著計算出可能建構出文明的行星數量吧。

假設現存銀河系中可能進行通訊的地外文明數量是N，那麼德雷克方程式就如上圖所示。

有許多人根據各自推論，估算出存在銀河系中的文明數量。德雷克自己在一九六一年發表了N＝一〇的推測值，但是由於每個未知數代入的數字並不是確定的，所以仍然無法脫離推論的範圍。

多數研究者都認為，這個方程式中最後的L很值得關注。L是指一個能夠藉由電波或可見光等通訊方

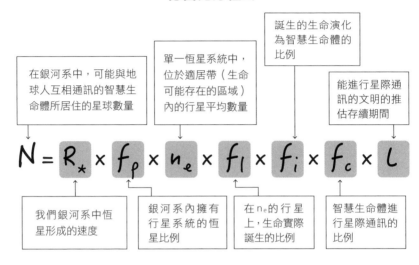

式，對數光年到數百光年之外的系外行星傳送訊息的文明，這樣的文明平均能夠存續多久。

這顯示，有個大前提是「文明並非永恆」。我們人類也無法永遠在地球上繁榮發展，我們可能因為自己錯誤的行為（例如核戰或破壞地球等）而自我毀滅；另外也可能因為小行星撞擊或太陽爆炸等天災地變而毀滅。這不僅只是地球人，居住在宇宙中的生命都可能如此。

地球人利用電波來通訊，不過是短短近百年來的事。地球上的人類文明今後又能持續多少年呢？很多人感到不安，在人類面對地球環境問題，核戰危機，水、糧食、能源枯竭等各種課題的情況下，人類能否運用智慧長久生存下去，才是能否邂逅外星人的關鍵分水嶺。

用近期的數據算算看

二〇〇九年，NASA發射太空望遠鏡「克卜勒」來搜尋地球型行星。讓我們將包含克卜勒望遠鏡觀測結果的天文學數據，代入德雷克方程式吧。

首先是銀河系內擁有系外行星系統的恆星比例。銀河系內存在約一千億顆恆星，目前已知大概有一半恆星屬於「聯星系統」。

聯星是指有兩個以上的恆星環繞彼此的狀態，不像太陽系，只有太陽單獨一顆恆星存在。聯星之中，有天空中最亮的恆星，大犬座天狼星，還有位於天鵝座鳥喙上的雙星，輦道增七（天鵝座β）。人們從前認為聯星在重力上不穩定，可能難以形成行星。但是藉由智利阿塔卡瑪沙漠的ALMA望遠鏡，已經確認聯星系統也能形成行星。

所以，銀河系內可能誕生行星系統的恆星數量，包含聯星系統在內為一千億顆。

接下來，每有一顆恆星下，平均會有幾顆行星呢？雖然也有些恆星是完全沒有行星的，不過根據克卜勒望遠鏡的觀測發現，擁有多顆行星的行星系統約佔了三成。

藉此，我們可以粗估出每有一顆恆星情況下，平均大概有一顆系外行星這樣的比例。也就是說，銀河系內的系外行星總數約為一千億顆。

那麼，「第二個地球」有幾顆？

如此一來，其中的地球型行星比例大概是怎麼樣呢？根據克卜勒望遠鏡的觀測，已發現的行星中有大概六分之一是地球型行星，這裡指的是大小與地球差不多的行星。如果直接套用這個數字，銀河系內大概有一百六十億到兩百億顆地球型行星。

再來，其中存在於適居帶的行星又有多少呢？如果是質量與太陽相當的恆星，存在於適居帶的地球型行星比例，大概是二二％ ± 八％。

這表示，質量與太陽相當的恆星中，可能每數個恆星就會存在一個由岩石構成、可能有液態水或大氣的「第二個地球」。這樣的估算比德雷克之前所想的還要高出許多。

其餘的 f_l、f_i、f_c、L，要進行科學估算仍然很困難，不過「外星人」的存在已經更加有可信度了，不是嗎？

地球文明如果能延續下去，與外星人相會的機率也會提高！

06 何時能看到美麗的極光？

極光和太陽的關係

極光和日全食、火山爆發並稱為自然界三大奇景。日本北海道的部分區域，也能在北方低空看到紅色極光。但說到最為壯麗的神祕景象，就不得不提到阿拉斯加、加拿大、北歐各國還有南極大陸看到的極光吧。

極光是在北極或南極附近區域，可看到的地球高層大氣現象。極光發光的高度是一百至兩百公里。順帶一提，國際太空站（ＩＳＳ）的飛行高度在四百公里，所以ＩＳＳ的太空人能俯瞰下方明亮閃耀的極光。

從ＩＳＳ上看到的極光景象，彷彿是綠色或粉紅色布幕在地球表面搖曳飄盪。從地面仰望極光，會感覺極光無止盡的延伸；從ＩＳＳ上看的話，則能夠確認極光擴展的範圍。極光的特徵就是通常幾乎同時出現在南極和北極上空，由於ＩＳＳ每九十分鐘環繞地球一周，所以能夠依序觀測到兩邊的極光。

那麼，極光是怎麼形成的呢？

地球可以說是一個巨大的磁鐵，它具有包覆地球整體的巨大磁場（地磁）。而地磁能防止宇宙的帶電粒子入侵地球，對於居住在地球上的生命而言是很重要的屏障。特別是太陽會發出稱為「太陽風」的帶電粒子流，湧向地球。

而地球的極光就和這種太陽風的活動息息相關。強烈的太陽風平常被地磁遮蔽，無法抵達地球表面的帶電粒子，就會從磁場較弱的南北極周遭入侵。這種帶電粒子和地球的高層大氣產生反應，就變成閃耀著綠色、紅色或粉紅色光芒的美麗極光。

所以，在太陽活動的極大期，能觀測到壯觀的極光現象。有機會的話，請務必在這個時期到北歐或加拿大等地欣賞極光。

注意閃焰！

太陽的活動並不是一直處於相同狀態，而是分成活躍期和不活躍期。太陽活動會受到磁場的強烈影響，而太陽的磁場以十一年為週期產生變化。

舉例來說，就像模型飛機的螺旋槳上面扭轉的橡皮筋一樣，太陽內部的磁場也會因為自轉而扭轉。當這樣的扭轉達到最大程度時，就是太陽活動最活躍的極大期，當扭轉解除、恢復原狀時，就是太陽活動微弱的極小期。

極大期時受到磁場扭轉影響，會伴隨大量太陽黑子，頻繁發生「閃焰」的現象。閃焰是因扭轉的磁場超過極限，磁場能量激烈朝外吐出的現象，好比橡皮筋斷裂的瞬間一樣。

閃焰一發生，圍繞在太陽周遭的大氣層會急遽變亮，日冕也會飆到一千萬度以上的高溫。這麼一來，會強烈釋放出從無線電波到X射線等全部頻率的電磁波。不僅如此，太陽風的活動，也就是向周遭釋放出質子、電子等帶電粒子，也會變得旺盛，釋放的帶電粒子數量或速度都會增加。

強烈X射線一旦抵達地球，就會擾亂地球磁場，引發短波無線電通訊障礙。因為短波收音機等所使用的短波通訊電波，是藉由反射地球高層大氣中的電離層，把訊號傳遞到遠處。

當強力的太陽風擾亂電離層，這時短波收音機或船舶使用的短波通訊就無法收發訊號，這稱為「戴林傑效應」。此外，在活躍的太陽風影響下，也會發生極光風暴或太陽磁暴。

因為太陽風會對地球造成莫大的影響，所以日本國立研究開發法人情報通信研究機構（NICT）會做「宇宙天氣預報」。宇宙天氣預報會運用全球的太陽觀測衛星或太陽觀測所的數據資料，仔細監測太陽，確認閃焰的發生。他們會仔細研究閃焰的爆發規模還有強烈太陽風是否會抵達地球，然後發出預報。

如果大規模的閃焰影響波及地球時，ISS會停止艙外活動，而為避免地面的電線或發電所遭受影響，也會調整電力供給。過去就曾發生，在巨大閃焰影響下出現磁暴，導致電線被破壞，造成大範圍停電的事件★。

★編註：一九八九年的太陽磁暴，使加拿大魁北克省六百萬人在寒冬中面臨停電九小時。

太陽的構造

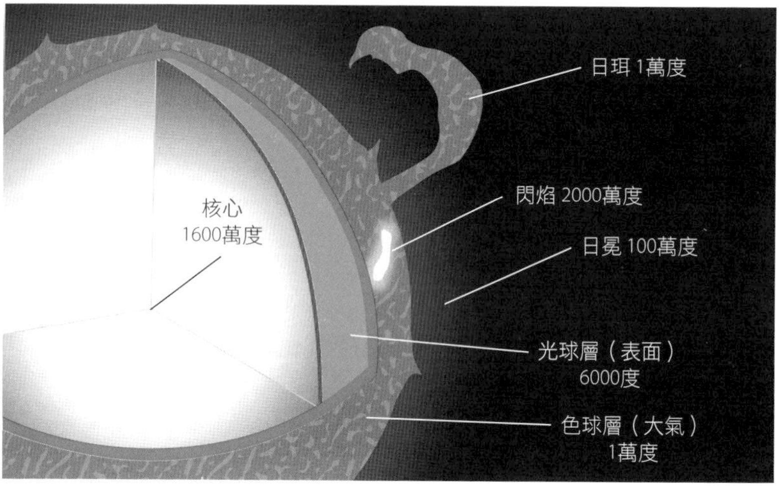

溫度單位：攝氏

相關單位會對強烈太陽風襲擊地球預作準備，同時也會避免強烈太陽風對國際太空站或人造衛星造成危害。

日冕上發現的氣體

閃焰或黑子都是出現在太陽表面（光球層）的現象，太陽的大氣主要由氫所形成。內側的大氣是色球層，覆蓋於外側的廣大大氣是日冕。

日全食的時候，太陽表面被月球遮蔽，可以觀察到淡淡的太陽大氣，也就是接近外緣的紅色色球層，還有從光球層外側一直向外延伸的珍珠白的日冕。一八六八年，科學家分析了光球層的光譜，發現了當時地球上從未發現過的元素「氦」。氦的英文helium，源自於希臘文的helios，意思為太陽。

二十世紀中期，科學家也利用光譜分析那只有在日全食之際才可觀測到的日冕，發現它具有超過一百萬度的高溫。由於太陽表面溫度約六千度，所以這是很驚人的發現。此後，有很多太陽研究者都很努力想要釐清日冕的發熱原理。

此外，在日本，下一次可看到日全食的機會是在二〇三五年九月二日，這一天，從日本的北關東乃至於北陸一帶都會出現日全食。衷心期盼當天是晴天。

異常氣候是太陽害的？

近年來，發生許多像是暴雨或龍捲風、日本近海的颱風等異常氣候，另外還有北極海的冰河減少或聖嬰現象，地球氣候異常的情況相當明顯。我們常常可以聽到「異常氣候」、「有紀錄以來第〇的」等詞彙，而全球各地也都出現災害。

地球是不是正出現大規模的氣候變動呢？在這樣的情況下，天文學家很關注一件事，那就是近年來太陽活動出現不尋常的狀況。

觀察太陽的表面會看到一些黑點。這是太陽磁力線集中的區域，因磁場使得太陽內部能量難以傳遞，造成表面溫度下降，看起來黑黑的，就稱為「黑子」。黑子的數量以十一年為週期增減，把黑子增減與地球長年以來平均氣溫的變化兩相對照之下，會發現黑子增加的「極大期」，地球較為溫暖；而「極小期」時，地球則較為寒冷。關於箇中理由和機制眾說紛紜，目前還沒有完全釐清真相。

現在的太陽，與上一次二〇一四年出現的極大期相比，處於黑子數量較少的狀態。近年來，沒有出現黑子的期間延續了很長一段時間。

一六五〇年到一七〇〇年，太陽上持續很長一段時間幾乎看不到黑子，被稱為「蒙德極小期」。在這段期間，地球變得寒冷，歐洲和日本也屢屢發生飢荒。

對於現今太陽活動的小異狀，或許還不必那麼擔心，不過專家之間已經出現日後「地球會因二氧化碳的增加暖化」又或者是「地球因太陽活動停滯而變得寒冷」的兩大爭論。

07 日曆制定的有趣歷史

制定曆法的工作

大家知道日本現在的日曆★是在哪裡制定嗎？

是日本國立天文臺在負責喔。國立天文臺有個稱做「曆法計算室」的單位，根據過往觀測太陽等各個天體的運行，來預測今後的運行，也就是春分或秋分的日期。依照傳統，曆法計算室會在每年的二月一日公布次年的日曆。

常常會有急性子的市民，向行事曆或月曆業者要求「希望提早很長一段時間公布」，「希望一口氣公布十年、百年的月曆」。但是曆法制定作業是極度嚴

★編註：臺灣使用的日曆資料表，是由交通部中央氣象局公布。

設置在天文臺的混天儀

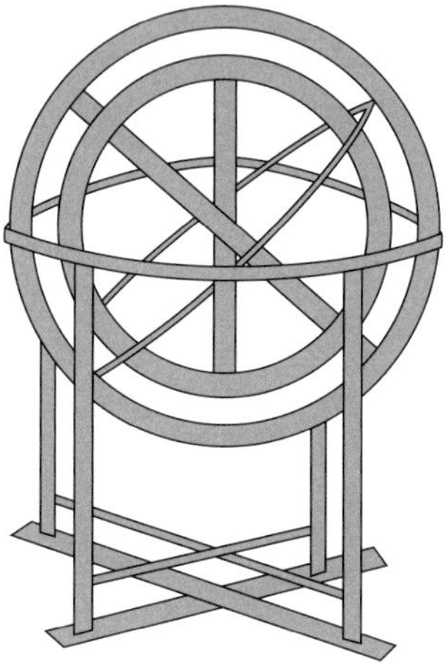

謹的（例如預報五月二十一日發生的日食卻變成在二十日出現，又或者日本沒有日食、美國有之類的，會讓人很傷腦筋呢），根本不可能對於天體運行做長遠的預報。

因為，不知道什麼時候會有個大型天體（彗星、小行星）接近地球，說不定會讓地球或月球的運行路徑出現些微改變。不過這意思只是說曆法的制定是小心再小心，大家並不用因此就把手邊的萬年曆給扔了。

從古代開始，曆法制定就是國家的政事。在中國古代，甚至有專責官員因為日食預報錯誤而被砍頭。

我任職的國立天文臺成立於一九八八年，不過它的前身東京天文臺是誕生於百年前的一八八八年。而東京天文臺的前身，則是距今三百三十多年前的一六八五年，由江戶幕府設置的官署「天文方」。

古代很活躍的天文方官職

隨著文明的發祥，世界各地依據自己的風俗習慣，解讀「來自天上之文」的天文，而訂定出各自使用的曆法和時間。我想，許多日本人可能知道沖方丁★的小說《天地明察》。這部作品所描寫的澀川春海是真實人物，他是江戶幕府首度任命的天文方負責人。

當時是江戶幕府第五代將軍德川綱吉當政時期，在那之前，由京都朝廷長年主導的日本曆法非常不精確，日食或月食的預報接連失準。

★譯註：沖方丁，生於一九七七年。為日本小說家、劇本作家。個人首本時代小說《天地明察》獲得吉川英治文學新人賞。

接下幕府之命的澀川春海表現活躍，日本因此完成了精準度很高的獨特曆法，而江戶幕府直到第五代，終於從朝廷手上奪下這重要的國政。

江戶時代的官署是世襲制，和現在不同，但天文方在澀川春海手中開設後，是代代由養子繼承工作，一路維持到幕府末期。我曾經造訪過東京都藏前的淺草天文臺舊址，淺草天文臺設置於一七八二年，是日本最早的正式天文臺。

天文臺建於鳥越神社附近十公尺高的土堤上，當時設置了好幾座天體觀測裝置，有多位天文方在此工作。以製作日本地圖聞名的伊能忠敬，也是寬政時代（一七八九～一八〇一）優秀的天文方，他拜師高橋至時★學習天文學和測地法。

日本在一八六八年明治維新之後，於一八七三年仿效西洋採用陽曆，取代之前使用的陰陽合曆。一八七七年成立的東京大學，後來設有理學部星學系（現今為天文學系），它的前身也可以追溯到江戶時代的天文方。東京大學的東京天文臺在一八八八年於東京都的麻布飯倉設置，之後由於關東大地震，而遷到目前的東京都三鷹市，最後在一九八八年從東京大學獨立出來，改名為國立天文臺。

在思考我們的未來時，追溯先人在國立天文臺這三百多年歷史中的足跡是非常重要的。我對自身工作懷抱的期許是，如果這些大前輩今天還活著，千萬不能讓他們看到我劈頭就是一陣怒罵才好。

生活中不可或缺的天文知識

日本近年來，由於推行「快樂星期一」★制度，感覺上好像很難搞清楚國定假日是幾月幾號。

三月的春分、九月的秋分，以及夏至和冬至，還有二十四節氣（大寒、驚蟄、立夏等）都是根據太陽的運行而定，每年日期都略有變動。例如，春分是太陽從天球南邊橫越天球赤道，移動到北邊的那一天。感覺好像很麻煩，不太好懂吧。只要記得，這一天的太陽會從正東方升起，正西方落下就好。

★譯註：高橋至時（1764~1804），江戶時代的天文學家、曆法學者。曾任天文方。

★譯註：日本將過去特定日期的國定假日移到週一，形成週六開始三連休的制度，稱為快樂星期一。

曆法就是像這樣根據天體觀測結果每年制定的。儘管關於曆法的歷史眾說紛紜，但人類至少已經使用了超過五千年。

在古時，曆法對於農耕工作非常重要。例如古埃及，由於尼羅河總是在固定時期氾濫，所以人們會根據黎明的東方能否看到恆星天狼星，來預測氾濫時期。每個季節所看到的星座不同，是因為地球以一年為週期公轉的結果。

天文現象中，最容易觀察的週期性是月亮圓缺（朔望），以此可以決定月份。這就好像是天空中翻動的日曆一樣，這種曆法稱為陰曆。現今伊斯蘭國家也是使用陰曆。

另一方面，太陽位置的變動雖然緩慢，必須仔細觀察才會知道，但只要確認太陽下沉的位置，就會發現，是以一年為週期，根據不同季節從正西方轉而偏南或是偏北。以太陽在天空中的移動為基準，所制定出的曆法便是陽曆。

雖然月亮的朔望變化明顯容易觀察，但是一個朔望月是二十九．五天，十二個月算起來將不符合太陽運行的一年時間，曆法就會失去季節規律。所以人們編寫出一種結合月亮的週期和太陽的運行，並且視情況設置「閏月」，使年與月對應一致的曆法，這就是「陰陽合曆」，俗稱「舊曆」。現在有很多國家像中國等，在生活中採用陰陽合曆★。

歷史上，也曾有些地區用天狼星等恆星，或是用月亮與太陽以外的天體做為曆法基準。中美洲的馬雅文明就採用以金星運行為基準的馬雅曆。

★編註：臺灣使用的農曆就是一種陰陽合曆。

08 織女與牛郎沒辦法約會？

星星之間的距離有多遠？

對於日本人而言，最熟悉的恆星大概就是七夕之星——織女星和牛郎星了。日本全國像仙台或平塚等地，不少地區都會盛大慶祝七夕。每當這時，不但可以在日本各地車站或商店街看到笹飾*，我想有很多幼兒園、托兒所或小學也會慶祝七夕。然而，七夕明明是織女和牛郎一年一度約會的日子，卻幾乎沒有哪一年的夜空是晴朗的呢。

七夕是自古從中國傳來的傳統習俗。在日本直到明治五年（一八七二年）為止，所根據的是陰陽合曆，也就是舊曆。舊曆七月七日，一般會是梅雨季結束後的八月左右。據說直到江戶時代（一六〇〇～一八六八），人們在七夕這一天都會欣賞夜空上那月齡七日的月亮、銀河，以及在銀河兩岸閃耀的織女星和牛郎星，盛大的慶祝著。

地球距離織女星（天琴座α）二五光年，距離牛郎星（天鷹座α）一七光年。要表示宇宙中的距離時，有太陽系內所用的「天文單位」，還有用於更遙遠宇宙、那構成星座的繁星世界所用的「光年」。

所謂的「一天文單位」，指的大概是多長距離呢？

太陽的光輝多麼耀眼，但是，我們所看到的太陽並不是「現在」的太陽。光線要從太陽發出抵達地球的話，太陽光必須歷經太陽到地球之間的距離，也就是約一億五千萬公里。光線要跑完這段距離，需要耗費八分十九秒（四百九十九秒），這個距離就稱為「一天文單位」。

換句話說，若太陽在現在這個瞬間爆炸，身在地球上的我們會在八分十九秒之後才能察覺。

★譯註：日本在七夕時會用七彩長紙片寫下心願，綁在竹枝上向星星許願，這種裝飾物稱為笹飾。

天文單位與光年

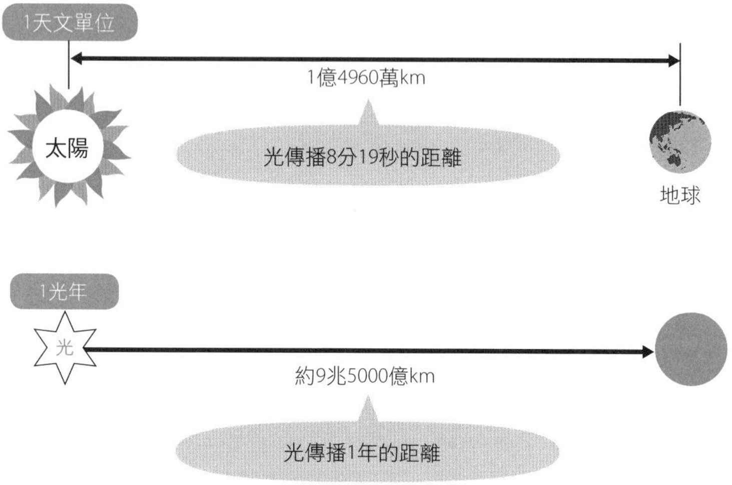

另一方面，光線傳播一年的距離稱為「一光年」。由於光線在真空中，也就是宇宙空間中前進的速度是秒速三十萬公里，所以光線一秒可以環繞地球七圈半（地球周長約四萬公里）。

光線如果沿直線傳播一年，可以跑大概九兆五千億公里的距離。一九七七年發射的行星探測器「航海家1號」，正以全球最高速人造物的速度，也就是時速六萬公里的高速，朝太陽系外側前進。

航海家1號發射後都已經過了四十多年，目前達到的距離也只是離地球約一百五十多天文單位★，也就是約兩百二十多億公里，由此可知光的速度有多快了。

織女和牛郎的戀愛時程

與織女星、牛郎星共同構成夏季大三角的一等星，是天津四（天鵝座 α）這顆恆星。它離距地球一四〇〇光年，所以我們眼前看到的，是它在一千四百年前發出的光芒。天上的星星看來好像是鑲嵌在星象館的圓頂上，但實際上它們與地球的距離各不相同。反過來想，位於二十五光年、十七光年、一四〇〇光年之外的恆星，從地面上看起來的亮度幾乎一樣，也是不可思議的一件事。

星星看起來的亮度，與那顆星星和地球距離的平方成反比，所以牛郎星和天津四實際上的亮度差異有將近一萬倍。像天津四這樣釋放大量光芒的恆星，稱為巨星或超巨星。每顆恆星都各有特色。

★編註：至二〇二〇年八月，已距離太陽約一百五十二天文單位。

織女星（天琴座α）、牛郎星（天鷹座α）、地球之間的距離

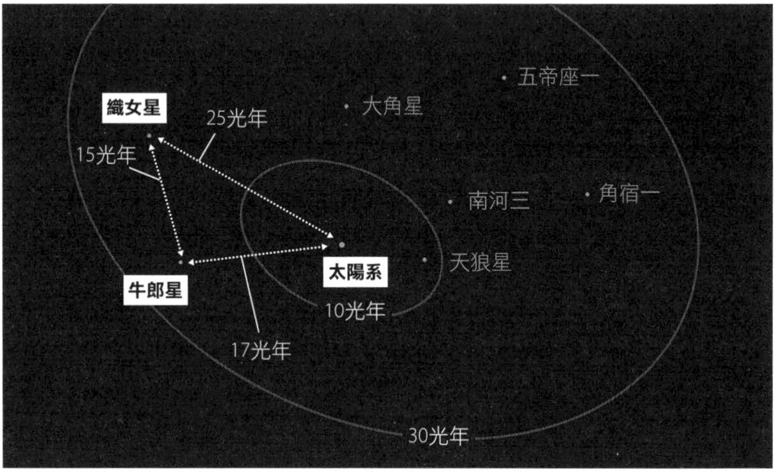

我們看到織女星散發出的光芒，是從二十五年前發出的光，直到現今抵達地球。另一方面，地球到牛郎星的距離是十七光年，所以看到的牛郎星是十七年前的光芒。這兩顆星隔著十五光年的距離，也就是九兆五千億公里×十五的距離。

七夕快到的時候，當織女聯絡牛郎說：「牛郎，我們七月七日的時候在銀河相會吧。」這束電磁波會在十五年後傳到牛郎星。就算牛郎立刻回答說：「好啊。」織女得等上三十年才終於能收到回覆。

以天文學的角度來說，織女和

牛郎是沒辦法每年相會的。

天文學家雖然在研究宇宙，但當人們看得愈遙遠，其實所看見的是發生在過去的景象，因為光在宇宙中運行需要時間。能觀測到當下狀態的，就僅限於地球附近的宇宙而已。

太陽系外和地球相似的星球

目前，還沒在地球以外任何一顆星球上發現生命。儘管如此，在大約二十年前的一九九五年，人們在「飛馬座51號星」這顆恆星旁發現了行星，那是第一次發現太陽系之外的行星（系外行星）。

雖然人們自古以來就在想像地球之外的行星，但若想要發現本身並不會發光的遙遠行星，天體觀測技術的發展是不可或缺的。在那時之後，許多系外行星接二連三被發現，目前發現的系外行星已超過四千顆。

當然，我們還沒發現到織女或牛郎本尊，但是不斷發現具有與地球相似大小或環境的星球。目前運作中的天文望遠鏡和觀測衛星，還沒有能力判定這些可能有生命居住的候選星球上，到底有沒有生命存在。

不過，到了二〇二〇年代，當口徑超過三十公尺的超大型望遠鏡完成，和以「找出居住著生命的星球」為目標的太空望遠鏡發射升空，如同電影《世界大戰》那樣的世界，或許就能成真。

09 探索太陽系的盡頭

從土星上看到的地球

位於太陽系中心的是太陽這顆恆星。地球上幾乎所有生命都仰賴太陽的能量。從太陽到地球的距離約一億五千萬公里，那是光線要花八分十九秒抵達的距離。

所以，我們現在仰望的太陽是八分十九秒之前的太陽。這個約一億五千萬公里的距離，就是「一天文單位」。

太陽到土星的距離，是這個距離的十倍，也就是十天文單位。讓我們到土星附近去瞧瞧吧。就如同第七十頁所介紹的，行星探測器卡西尼號曾環繞土星進行探測。

二〇一三年，卡西尼號在土星陰影下躲著太陽，拍下地球的照片，因為太陽光過於明亮，不這麼做的話，根本無法拍攝到地球或火星等行星。攝影的那一刻，地球上有超過兩萬人對著土星揮手*。如果去查閱這張紀念照片，你會感受到地球在宇宙中真的只是小小的一點。

航海家1號現在到了哪裡？

人類發射的人造物體中，航行最遠的是「航海家1號」。一九七七年相繼發射的航海家1號和航海家2號，在為數眾多的行星探測器中，或許可以說是史上最活躍的。

兩架探測器都接近了木星和土星，航海家2號甚至還接近了天王星、海王星。它們發現了木星的衛星，木衛一上面活火山噴發的樣子。此外也詳細拍攝到土星環的結構，讓人們得知那是由無數細環組成的。「航海家」送回來的那些十足震撼的照片，讓很多人深深著迷。

先發射的航海家1號，目前正航行到距離地球超過兩百億公里的地方，這已經達到太陽和地球距離的大約一百五十倍以上。如果你位在航海家1號上，從那裡已經很難用肉眼找到我們的家園地球了吧。推動航海家計畫的是，美國天文學家卡爾・薩根，他也因為讓「先鋒號」、「航海家號」攜帶要給外星人的訊息，而聞名於世。

一九九〇年，在航海家1號能夠拍攝照片傳送回地球的最後機會，NASA對航海家1號下達指令，讓它回頭拍攝所有太陽系的行星。航海家接收指令的位置，距地球四十天文單位（約六十億公里），正好是從冥王星附近距離拍攝。

勉強在圖像中現身的地球，是個閃耀微光的小點。這張地球圖像被稱為「蒼藍小點」（Pale Blue Dot），直到今天還是從宇宙最遠處拍攝到的地球照片。

二〇一三年九月，NASA宣布航海家1號成為第一個脫離太陽圈的人造物體。但其實此時它尚未離開太陽系，而只是離開了從太陽發出的帶電粒子範圍，也就是太陽風覆蓋的太陽圈。航海家1號自此到達的區域裡，偵測到從太陽系周圍恆星發出的帶電粒子（恆星風），多過於太陽風。

★編註：NASA在二〇一三年七月十九日當時舉行了Wave at Saturn這個活動，邀請人們在同一時刻走到戶外，對著土星的方向打招呼。

「航海家」的路徑

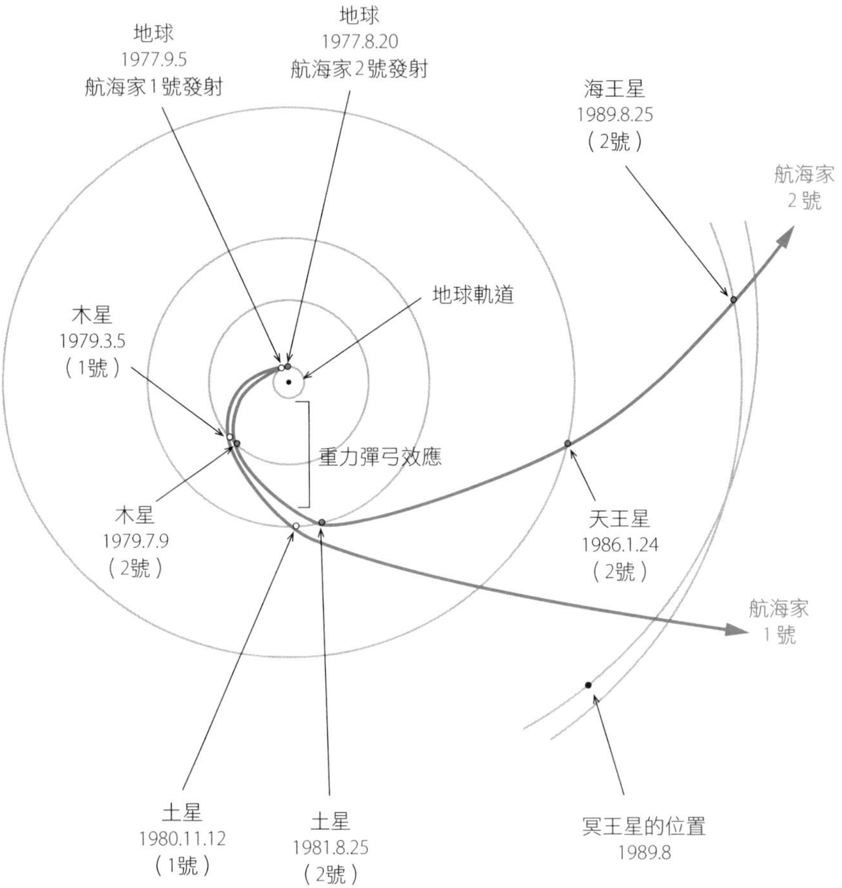

參考：《新版地球科學教育講座⑪》〈星星的位置與運動〉東海大學出版社

第九顆行星

距地球兩百億公里的彼方，也就是海王星的外側，有許多被稱為「海王星外天體」的冰質小天體環繞著太陽公轉。二〇一六年一月，科學家提出太陽系的第九行星很可能存在於那個地方。

根據估計，第九行星的質量大概是地球的十倍，每一至兩萬年環繞太陽公轉一周。不過，環繞時並不是都與太陽維持相同距離，它的運行軌道呈橢圓形。距離太陽最遠時，超越航海家1號，達到九百億公里這麼遠。

這讓人興奮不已的預測，是美國的麥克・布朗博士（一九六五～）團隊提出的，他們藉由分析二〇〇三年所拍攝到的照片，在冥王星外側發現新的天體「閱神星」。由於這個發現，冥王星從第九行星變成了矮行星。布朗博士公布的全新第九行星的預測，如今受到全球的注目。

那麼，太陽系的盡頭在哪裡呢？天文學家一般認知，一直到長週期彗星的發源地「歐特雲」那裡，都是太陽系的範圍。歐特雲指的是在太陽重力影響下，環繞太陽公轉的雲團，整個太陽系被球殼狀的雲團包圍著。這是荷蘭天文學家

太陽系的盡頭「歐特雲」

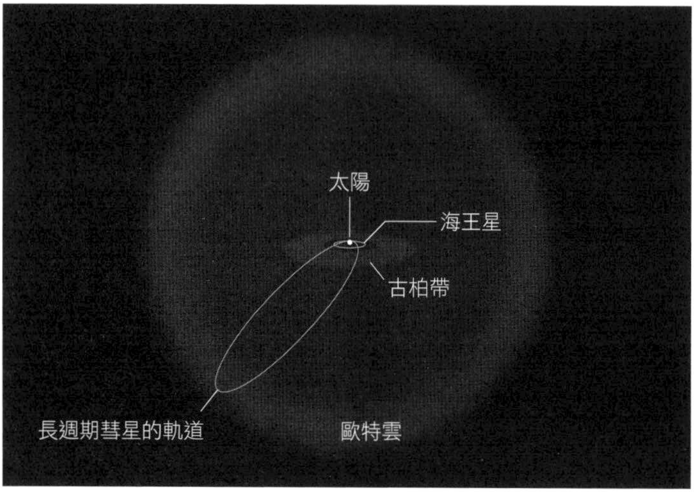

揚・歐特（一九〇〇～一九九二）於一九五〇年提出的觀點。

如「泛星彗星」或「艾桑彗星」等許多彗星，都來自歐特雲。從太陽系形成歷史的角度思考，到歐特雲為止應都是在四十六億年前誕生的太陽系一員。

從地球到歐特雲，大約是太陽到地球之間距離的一萬倍，有長達一兆公里的距離。太陽系的盡頭可以說離我們非常遙遠吧。

10 看到最亮星星的方法

天空最美麗的時刻

「秋日，吊桶落★。」夏日喧囂遠去後的秋日黃昏，是大自然帶給我們的美妙原始景致。但不論在任何季節，都不可能太陽一落下，天空就變得一片漆黑。日落時西方天空會展現一片燦爛的美麗夕陽，然後天空才逐漸變暗。

夕陽西沉後到夜空完全漆黑為止的這段時間，還有早上日出前的這段時間，稱為「曙暮光」(twilight)。位於地平線下的太陽光線，經過大氣中的塵埃或水蒸氣而散射，所以天空會變得昏暗。

★譯註：是日本表現秋季風情的季語，意指秋天的日落，就像水桶直墜井中，立刻就天黑了。

曙暮光在不同季節的時間長度也有所差異，在日本的話，大概一個半小時。有人說曙暮光是天空最美麗的時刻。另外，在北極圈或南極圈等，愈是高緯度的地區，曙暮光的時間變化受到季節的影響愈是明顯。北緯六六．六度以上的區域稱為北極圈，夏季時，會出現太陽整天不下沉的永晝現象。接近北極圈的地方，太陽雖然會稍微落到地平線以下，不過之後會持續暮色，直到迎接早晨。這種情況也稱為永晝。

在不同區域，曙暮光的時間會有所差異。請根據曙暮光曆，了解居住地的曙暮光時刻*吧。

那麼，在欣賞美麗天空的同時，要不要試著尋找天空中最閃耀的星星呢？

最亮的星星是哪一顆？

不論任何季節，夕陽西沉後都可以在西方天空中看到一顆格外閃耀的星星，在大部分情況下，那應該是金星。在中國古代，日落後的金星被稱為「長庚」，而日出前的金星為「啟明」。金星是離地球最近的行星，再加上它的表面覆蓋厚厚一層雲，可直接反射太陽光，所以亮度是負四等星，為一等星的一百倍。金星總在傍晚的西方天空或凌晨的東方天空閃耀著光芒，視力好的人，在暮光出現前的藍天中就能發現金星，但一般人通常是在曙暮光出現後發現金星。

如果傍晚的天空沒有出現金星，那麼最亮的星星一般就會是當季的一等星或其他行星。另外，大家知道嗎？儘管是在同一片天空中閃耀的星星，像金星這樣的行星，還有構成星座的恆星，發光機制並不相同。

天狼星、參宿七或織女星等恆星，因為實在太過遙遠，它們的光芒只做為一個小光點傳到地球。光芒接近地球後，光子的運動會受大氣影響而折射，從地面上看恆星，就像在一閃一閃放光明。特別是在上空噴射氣流（圍繞著地球的高速氣流帶）變快的冬季夜晚，會發現星星的閃爍程度比平常來得大。

另一方面，如果是行星，只要用望遠鏡稍微放大倍率，就可能觀察到星球表面，他們的光芒是以大面積傳播到地球大氣來。因此就算光子運動被大氣擾

★編註：臺灣的日出日沒與曙暮光時刻表，可至交通部中央氣象局網站查詢。

動，相互抵銷之下，看起來仍會是穩定的光芒。只要知道這樣的差異，就能分辨最亮的星星究竟是行星還是恆星囉。

最近，也有很多人使用智慧型手機的觀星ＡＰＰ取代傳統星座盤。在傍晚有空的時間，舉起手機對準暮色的天空，與逐漸升起的星星展開一場對話吧！

如果能看到今天最亮的星星，
煩心事也能全部忘光光呢。

曙暮光曆（札幌、東京、京都、福岡）

札幌（北緯：43.07° 東經：141.35°）

月 日	日出	日落	月 日	日出	日落	月 日	日出	日落
1/ 1	7:06	16:10	5/ 1	4:29	18:35	9/ 1	4:58	18:10
6	7:06	16:15	6	4:22	18:41	6	5:04	18:01
11	7:05	16:20	11	4:16	18:47	11	5:09	17:53
16	7:03	16:26	16	4:10	18:52	16	5:15	17:44
21	7:00	16:32	21	4:06	18:57	21	5:20	17:34
26	6:56	16:39	26	4:02	19:02	26	5:26	17:25
31	6:51	16:45	31	3:59	19:06			
2/ 1	6:50	16:47	6/ 1	3:58	19:07	10/ 1	5:31	17:17
6	6:44	16:53	6	3:56	19:11	6	5:37	17:08
11	6:38	17:00	11	3:55	19:14	11	5:43	16:59
16	6:31	17:07	16	3:55	19:16	16	5:49	16:51
21	6:24	17:13	21	3:55	19:18	21	5:55	16:43
26	6:16	17:20	26	3:57	19:18	26	6:01	16:35
						31	6:07	16:28
3/ 1	6:11	17:23	7/ 1	3:59	19:18	11/ 1	6:09	16:27
6	6:03	17:30	6	4:02	19:17	6	6:15	16:21
11	5:54	17:36	11	4:05	19:15	11	6:21	16:15
16	5:45	17:42	16	4:09	19:12	16	6:28	16:10
21	5:37	17:48	21	4:14	19:08	21	6:34	16:06
26	5:28	17:54	26	4:19	19:03	26	6:40	16:03
31	5:19	17:59	31	4:24	18:58			
4/ 1	5:17	18:01	8/ 1	4:25	18:56	12/ 1	6:46	16:01
6	5:08	18:06	6	4:30	18:50	6	6:51	16:00
11	5:00	18:12	11	4:35	18:43	11	6:56	16:00
16	4:52	18:18	16	4:41	18:36	16	6:59	16:01
21	4:44	18:24	21	4:46	18:28	21	7:03	16:03
26	4:36	18:30	26	4:52	18:20	26	7:05	16:05
			31	4:57	18:12	31	7:06	16:09

◎日落後約 1 個半小時，日出前約 1 個半小時是曙暮光期間。
◎日出、日落的定義是太陽上緣與地平線一致的時刻。

東京（北緯：35.66° 東經：139.74° ）

月	日	日出	日落	月	日	日出	日落	月	日	日出	日落
1/	1	6:51	16:39	5/	1	4:49	18:27	9/	1	5:13	18:09
	6	6:51	16:43		6	4:44	18:32		6	5:17	18:02
	11	6:51	16:47		11	4:40	18:36		11	5:20	17:55
	16	6:50	16:52		16	4:35	18:40		16	5:24	17:47
	21	6:48	16:57		21	4:32	18:44		21	5:28	17:40
	26	6:45	17:02		26	4:29	18:47		26	5:32	17:33
	31	6:42	17:07		31	4:27	18:51				
2/	1	6:41	17:08	6/	1	4:27	18:51	10/	1	5:36	17:25
	6	6:37	17:14		6	4:25	18:54		6	5:40	17:18
	11	6:32	17:19		11	4:25	18:57		11	5:44	17:11
	16	6:27	17:24		16	4:25	18:59		16	5:48	17:05
	21	6:21	17:29		21	4:25	19:00		21	5:52	16:59
	26	6:15	17:33		26	4:27	19:01		26	5:57	16:53
									31	6:02	16:47
3/	1	6:11	17:36	7/	1	4:29	19:01	11/	1	6:03	16:46
	6	6:05	17:41		6	4:31	19:00		6	6:07	16:41
	11	5:58	17:45		11	4:34	18:59		11	6:12	16:37
	16	5:51	17:49		16	4:37	18:57		16	6:17	16:34
	21	5:44	17:53		21	4:41	18:54		21	6:22	16:31
	26	5:37	17:58		26	4:44	18:50		26	6:27	16:29
	31	5:29	18:02		31	4:48	18:46				
4/	1	5:28	18:02	8/	1	4:49	18:46	12/	1	6:32	16:28
	6	5:21	18:07		6	4:53	18:41		6	6:36	16:28
	11	5:14	18:11		11	4:57	18:35		11	6:40	16:28
	16	5:07	18:15		16	5:00	18:30		16	6:44	16:29
	21	5:01	18:19		21	5:04	18:24		21	6:47	16:31
	26	4:55	18:23		26	5:08	18:17		26	6:49	16:34
					31	5:12	18:10		31	6:50	16:38

京都（北緯：35.02° 東經：135.75° ）

月 日	日出	日落	月 日	日出	日落	月 日	日出	日落
1/ 1	7:05	16:56	5/ 1	5:06	18:42	9/ 1	5:29	18:24
6	7:05	17:00	6	5:01	18:46	6	5:33	18:17
11	7:05	17:05	11	4:57	18:50	11	5:37	18:10
16	7:04	17:09	16	4:53	18:54	16	5:40	18:03
21	7:02	17:14	21	4:49	18:58	21	5:44	17:56
26	7:00	17:19	26	4:47	19:02	26	5:48	17:49
31	6:57	17:24	31	4:45	19:05			
2/ 1	6:56	17:26	6/ 1	4:44	19:06	10/ 1	5:51	17:42
6	6:52	17:31	6	4:43	19:08	6	5:55	17:35
11	6:47	17:36	11	4:42	19:11	11	5:59	17:28
16	6:42	17:40	16	4:42	19:13	16	6:03	17:21
21	6:37	17:45	21	4:43	19:14	21	6:08	17:15
26	6:31	17:50	26	4:45	19:15	26	6:12	17:09
						31	6:17	17:04
3/ 1	6:27	17:52	7/ 1	4:46	19:15	11/ 1	6:18	17:03
6	6:20	17:57	6	4:49	19:14	6	6:22	16:59
11	6:14	18:01	11	4:52	19:13	11	6:27	16:54
16	6:07	18:05	16	4:55	19:11	16	6:32	16:51
21	6:00	18:09	21	4:58	19:08	21	6:37	16:48
26	5:53	18:13	26	5:02	19:05	26	6:42	16:47
31	5:46	18:17	31	5:05	19:01			
4/ 1	5:44	18:18	8/ 1	5:06	19:00	12/ 1	6:46	16:45
6	5:37	18:22	6	5:10	18:55	6	6:51	16:45
11	5:31	18:26	11	5:14	18:50	11	6:54	16:46
16	5:24	18:30	16	5:17	18:45	16	6:58	16:47
21	5:18	18:34	21	5:21	18:39	21	7:01	16:49
26	5:12	18:38	26	5:25	18:32	26	7:03	16:52
			31	5:29	18:26	31	7:05	16:55

福岡（北緯：33.58˚　東經：130.40˚）

月 日	日出	日落	月 日	日出	日落	月 日	日出	日落
1/ 1	7:23	17:21	5/ 1	5:30	19:01	9/ 1	5:52	18:44
6	7:23	17:25	6	5:25	19:05	6	5:55	18:38
11	7:23	17:29	11	5:21	19:09	11	5:59	18:31
16	7:22	17:34	16	5:17	19:13	16	6:02	18:24
21	7:21	17:39	21	5:14	19:16	21	6:05	18:17
26	7:18	17:44	26	5:12	19:20	26	6:09	18:10
31	7:15	17:49	31	5:10	19:23			
2/ 1	7:15	17:49	6/ 1	5:09	19:23	10/ 1	6:12	18:03
6	7:11	17:54	6	5:08	19:26	6	6:16	17:57
11	7:07	17:59	11	5:08	19:29	11	6:20	17:50
16	7:02	18:04	16	5:08	19:30	16	6:24	17:44
21	6:56	18:08	21	5:09	19:32	21	6:28	17:38
26	6:51	18:12	26	5:10	19:32	26	6:32	17:33
						31	6:36	17:28
3/ 1	6:47	18:15	7/ 1	5:12	19:33	11/ 1	6:37	17:27
6	6:41	18:19	6	5:14	19:32	6	6:41	17:22
11	6:34	18:23	11	5:17	19:31	11	6:46	17:18
16	6:28	18:27	16	5:20	19:29	16	6:51	17:15
21	6:21	18:31	21	5:23	19:26	21	6:55	17:13
26	6:14	18:34	26	5:26	19:23	26	7:00	17:11
31	6:08	18:38	31	5:30	19:19			
4/ 1	6:06	18:39	8/ 1	5:30	19:19	12/ 1	7:04	17:10
6	6:00	18:42	6	5:34	19:14	6	7:08	17:10
11	5:53	18:46	11	5:37	19:09	11	7:12	17:11
16	5:47	18:50	16	5:41	19:04	16	7:16	17:12
21	5:41	18:54	21	5:44	18:58	21	7:19	17:14
26	5:35	18:57	26	5:48	18:52	26	7:21	17:17
			31	5:51	18:46	31	7:22	17:20

※ 由於閏年等關係，每年時間可能出現 1~2 分鐘的誤差。詳細情況請確認理科年表或天文年鑑。

Part 3

宇宙充滿不可思議

$$G_{\mu\nu}+\Lambda g_{\mu\nu}=kT_{\mu\nu}$$

$$\Lambda g_{\mu\nu}$$

01 來發現「宇宙第一顆星」吧！

宇宙的黑暗問題

現在，天文學家要面對三個黑暗問題，分別是dark ages（黑暗時代）、dark matter（暗物質）、dark energy（暗能量）。本單元先說明「黑暗時代」，後面會繼續介紹「暗物質」、「暗能量」。

一般認為，宇宙是在距今約一百三十八億年前的大霹靂中誕生，這稱為「大霹靂宇宙論」。從大霹靂過後的三十八萬年出現的「宇宙放晴」現象，一直到宇宙第一顆星星誕生為止，這期間共數億年皆黑暗無光，稱為黑暗時代。換句話說，就是星星在宇宙開始綻放光芒之前的時代。

世人直到現在對於這個時期都還不太了解。一般認為，想要研究第一顆星誕生的宇宙初期，也就是最遙遠的宇宙的事，就必須要有比現存更大型的天文望遠鏡。

大霹靂和宇宙的誕生

說起來，宇宙的開端其實也是大家都還不太清楚的一大問題。也有人說，宇宙誕生於「無」。所謂的「無」，意指現在宇宙中的「物質」、「空間」、「時間」都不存在的狀態。

根據推算，剛誕生的宇宙，可能有高達十一次元。之後，多餘的次元逐漸減少，只剩下空間的三次元還有時間的一次元。至少，我們所居住的這個宇宙是四次元宇宙。

宇宙誕生時，簡直就像一粒微小病毒瞬間變成比星系團還大一樣，發生了超乎想像的膨脹，這稱為「暴脹」（inflation）。

雖然目前還沒發現「暴脹」的證據，但間接的證據足以強力支撐這個理論。在這個時期，宇宙內含的真空能量經過相變★成為熱能量。狹義★說來，這

宇宙的歷史

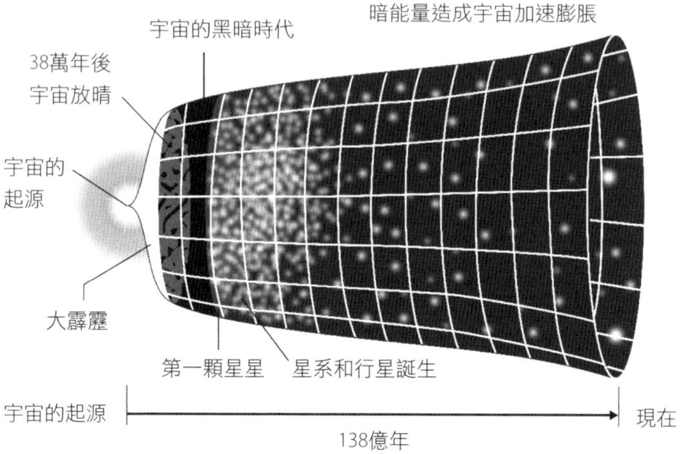

種相變（的瞬間）稱為大霹靂。

大霹靂驚人的熱度，讓剛誕生的宇宙空間更為膨脹。在暴脹與大霹靂的作用下，才讓宇宙之中出現時間，而空間也隨之開始擴展。

大霹靂當時，宇宙簡直就像一個火球一般。一般認為，那是超越恆星內部核融合反應的超高溫、超高密度狀態。在這個過程中，創造出大量基本粒子★。

當時，基本粒子有兩種，一種是「粒子」，另一種是「反粒子」，當它與粒子交互反應，會釋放莫大能量，然後消滅。反粒子數量比粒子少，大概每十億個粒子才有一個反粒子，所以在宇宙的非常早期階段就已經完全被消滅了。所剩無幾的粒子，後來就成為現今宇宙所有物質的根本。

從迷霧中逐漸放晴

宇宙在急遽膨脹的同時，溫度也逐漸下降。這個時候，基本粒子中的夸克聚集在一起，形成質子和中子。而質子和中子聚集後，又產生出氫和氦的原子核。

此時誕生的原子核，比例上有九十二％是氫，剩下的八％是氦，另外還有微乎其微的部分形成鋰。到此為止，是大霹靂之後大概三分鐘內所發生的事情。

早期的宇宙中，有大量電子交錯飛散。而光子因為和電子對撞而無法直線傳播，所以當時的宇宙就像處在霧中，並不透明。在大霹靂過後三十八萬年，隨

★編註：宇宙的相變，簡單來說是指宇宙的物質狀態發生劇變。
★編註：「大霹靂」在狹義上是指宇宙形成初期的劇烈變化；在廣義上指宇宙起源和現今空間不斷膨脹的理論。
★編註：組成物質的最基本單位為「基本粒子」，現代物理學認為基本粒子包含夸克、玻色子等等。

著膨脹，宇宙的溫度達到充分冷卻（三〇〇〇度）後，電子與原子核結合成為原子，再也不會阻礙光子的傳播了。就這樣，宇宙的能見度開始提升，這就是「宇宙放晴」的瞬間。

在那時候釋放出的光線，便是我們現今所觀測到的「宇宙微波背景輻射」，絕對溫度３Ｋ的微波。

宇宙放晴過後，存在宇宙中的所有氫、氦、鋰等化學元素都是原子狀態，沒有其他發光物。這一片沒有任何發光物的黑暗，持續了數億年。等到這些元素結合，誕生出恆星，源自恆星的光芒這才首度在深沉黑暗的宇宙中綻放。各國天文臺都競相找尋這道光芒，也就是來自宇宙第一顆星星的光。

前面也曾介紹過，日本國立天文臺參與建造的超大型望遠鏡ＴＭＴ完成之後，解析度將提升至昴星團望遠鏡的四倍，聚光力則是十倍以上。屆時將能掌握宇宙第一顆星星還有第一個星系形成的奧祕。

世界上還有另外兩個口徑超過三十公尺的新世代超大型望遠鏡計畫在進行。三十公尺等級望遠鏡的科學研究，十年後或許將成為天文學的主流吧。

大霹靂之後過了數億年，
宇宙的第一顆星星當時
是怎麼閃耀光芒的呢？

02 暗能量之謎

暗能量的真面目

地球的大氣組成，有七十八％是氮分子，二十一％是氧分子。而我們人體的元素組成，氧佔六十五％、碳佔十八％、氫佔十％、氮佔三％。那麼，宇宙的組成又是如何呢？

二〇一三年，歐洲太空總署（ＥＳＡ）發射的宇宙微波背景輻射探測衛星「普朗克」公布首度的研究結果。由此得知，構成宇宙的物質與能量的總和中，一般物質佔四·九％、暗物質二十六·八％、暗能量六十八·三％。

構成宇宙的要素，包含在天空閃耀的恆星等等在內，相對於宇宙整體物質和能量的總和，不過區區約五％而已。

宇宙是由什麼構成的呢？

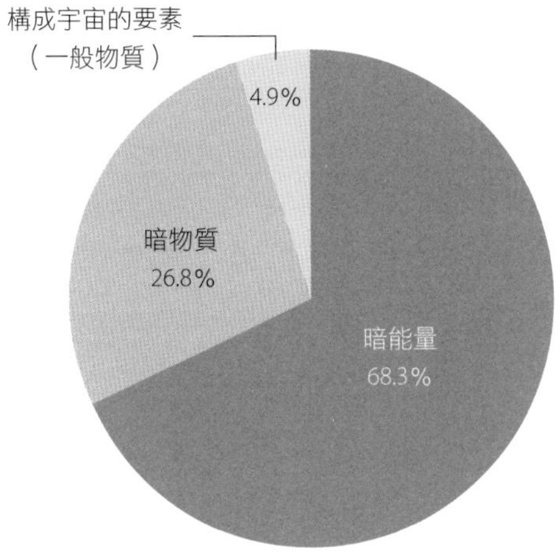

另外，比例佔大約二十七％的暗物質，是種未知物質，具體到底是如何並不清楚，但已知與化學元素一樣受到重力的作用。

關於暗物質的可能性眾說紛紜，人們對此也不斷進行了各式各樣的實驗或觀測。有人猜測，暗物質可能是種未知的基本粒子，但目前也還沒有相關證據。

一九三〇年代就已經預測暗物質的存在。如今可以藉由重力透鏡效應，來探索以電磁波無法捕捉到的宇宙暗物質分布。所謂的重力透鏡，是百年前的阿爾伯特・愛因斯坦（一八七九～一九五五）在「廣義相對論」中所預測的現象。廣義相對論，用一句話總結就是「宇宙的時間與空間都由重力支配」。

愛因斯坦預測，在太陽這種質量大的天體的重力作用下，會造成宇宙空間彎曲，當光線經過大型天體附近時，傳播路徑就會隨之彎曲。這就好像在宇宙中擺放一塊透鏡一樣，所以這個現象就被稱為「重力透鏡」。

一九一九年，重力透鏡學說藉由日全食觀測獲得實證。由英國鼎鼎大名的天文學家亞瑟・愛丁頓（一八八二～一九四四）擔任隊長的日食觀測隊，在非洲和巴西觀測日食，獲得以下結果：沒有日食時（也就是其他季節的晚上）測量到的恆星的星光，與日食時，因陽光被遮蔽使得太陽周遭的恆星可被看見時，所測量到的恆星星光相比，呈現些許偏移。

這樣的結果說明，當恆星運行到太陽旁邊時，星星的光芒本身會受到太陽的重力影響而出現彎曲，因此證明了重力透鏡的存在。就這樣，愛因斯坦的相對論獲得科學界認可，此後愛因斯坦的名聲也愈加無可撼動。

就像前面說的，我們可以根據重力透鏡發現彎曲的天體，並且根據彎曲幅度測定暗物質的量或分布範圍。

日本的昴星團望遠鏡如今也正運用全新的廣角攝影機，逐漸揭開暗物質的謎團。

宇宙正在膨脹

自從一百三十八億年前宇宙發生「大霹靂」的現象後，直到現在宇宙仍持續在膨脹中。而造成這種膨脹的能量，正是暗能量。TMT正以十年以上的時間跨度，觀測、測定遙遠星系的變化，希望能掌握到宇宙膨脹量的變化。

而且，人們在一九九八年發現一個饒富趣味的事情，那就是宇宙的膨脹正在加速。從大霹靂中誕生的宇宙，雖然一直都持續膨脹，不過長期以來一般都預測宇宙膨脹會逐漸減緩，甚或之後反而會收縮。

但是，相關觀測證實宇宙膨脹大概是在六十億年前轉為加速。這是因為調查到遙遠星系出現很多超新星而得出的結論。超新星出現的數量，可以經過計算後加以預測，而因為超新星非常明亮，所以就算是在遙遠的宇宙，也能測量到地球與超新星所在星系之間的距離。研究結果發現，宇宙膨脹的速度在過去是較為緩慢的。用畫面來呈現，是宇宙以一個喇叭開口的形狀持續膨脹。這是一項非常令人震撼的事實。

暗能量與愛因斯坦

而這個發現對於愛因斯坦的「重力場方程式」造成很大的影響。重力場方程式是嚴密呈現重力作用的公式。在三百五十年前所發現的牛頓萬有引力定律，可以大致說明重力的作用。基本上，光靠萬有引力定律就能解釋地球上的各種生活現象。

但是，在宇宙誕生之初，或是在黑洞等強力重力源附近的相關現象，就必須運用比萬有引力定律更加精確的愛因斯坦重力場方程式來解釋。

根據把時間、空間與重力相互關係統整過的廣義相對論，推導出重力場方程式，自然而然能得出「宇宙正在變動」的結果。

但是這對愛因斯坦自身來說卻是個大問題。

愛因斯坦的重力場方程式

愛因斯坦原本的方程式

$$G_{\mu v} = kT_{\mu v}$$

加入「宇宙常數」的方程式

$$G_{\mu v} + \underbrace{\Lambda g_{\mu v}}_{\text{宇宙常數}} = kT_{\mu v}$$

宇宙常數
‖
暗能量（斥力）

$\Lambda g_{\mu v}$指的是
讓宇宙膨脹
的力量。

因為，當時不僅愛因斯坦，任何人都認為「宇宙是神的領域＝永恆不變的存在」。所有科學家都相信宇宙永恆不變，更不用說一般人。英文中表示宇宙的詞彙之一「Cosmos」，意思是「有秩序的體系」，與「Chaos」（混沌）是反義詞。結果發現Cosmos並非不變，卻是不穩定的，對愛因斯坦來說，在心理上比科學上更難以接受。

因此，愛因斯坦必須證明宇宙並沒有在變動，而是靜止的。他採取的行動並非根據確切的物理根據，而是將性質與重力相反的「斥力」做為一個「宇宙常數」，編寫進他的重力場方程式裡。

當時的蘇聯共和國有位數學家叫做亞歷山大．弗里德曼，這位三十七歲就英年早逝的天才學者。他精通量子力學和相對論等當時最尖端的物理學，運用拿手的數學詳細考證宇宙構造。他在詳細檢證愛因斯坦廣義相對論的過程中，最後摸索出「宇宙不是在膨脹，就是在收縮」，也就是「並非靜止」的結論。愛因斯坦並不歡迎這樣的結論。

亞歷山大．弗里德曼（一八八八～一九二五）

但是，一九二九年美國的天文學家愛德溫．哈伯以觀測結果證明宇宙正在膨脹，並成為佐證宇宙誕生於大霹靂的根據。就這樣，愛因斯坦不得不從方程式中撤下「宇宙常數」。

不過，再經過了六十年，相關研究指出，宇宙果然存在著與重力相反的斥力，這種斥力後來就被稱為暗能量。如今，暗能量正讓宇宙加速膨脹。不過遺憾的是，以目前的科學還是無法了解暗能量實際上到底是什麼。

現在，宇宙論的研究現場可說是陷入混沌。不論是研究微小基本粒子的物理學家，又或是以宏大宇宙為實驗場的天文學家，全都引頸期盼有個能夠澈底解決所有「為什麼」的全新理論出現。

03 星系是怎麼形成的？

各式各樣的星系

人體是由大約六十兆個細胞所組成。而宇宙則是由稱為星系的大型星團組成，星系的數量據估計有數千億個，準確數字尚無法得知。

此外，星系很少會像細胞一樣緊貼彼此，就算形成星系群、星系團、超星系團，但星系彼此都是分隔開來，各自獨立，星系之間存在極為稀薄的氫氣。

人體細胞的種類包括骨骼、皮膚、內臟和神經等，約有兩百種；而星系根據不同型態，大致分成螺旋星系、橢圓星系以及不屬於這兩種的不規則星系等三大類型。

如下頁圖所示，螺旋星系是由中心部分的核球、形成圓盤狀螺旋的星系

銀河系結構

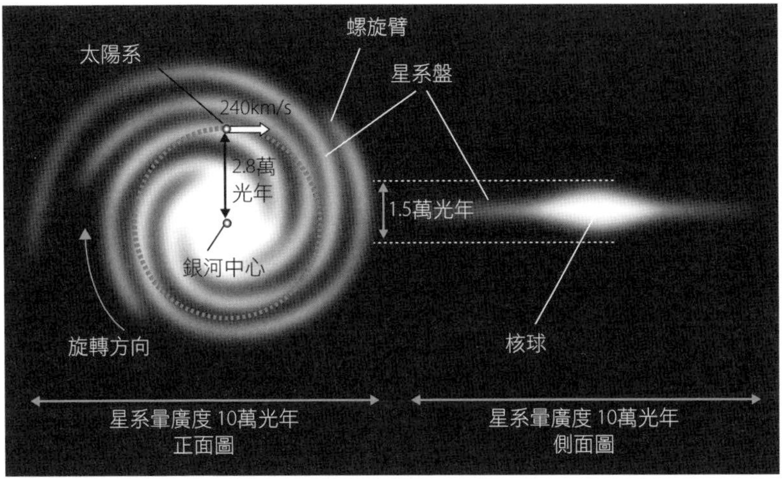

盤，還有包圍核球與星系盤的星系暈所組成。

從上方俯視螺旋星系，就像個打轉的漩渦，從側面看則是扁平狀，形狀很像銅鑼燒。我們所居住的銀河系就屬於螺旋星系。

近年來的研究發現，我們的銀河系直徑約一〇萬光年，太陽系位於距離中心點大約二·八萬光年的「獵戶旋臂」上。另外也發現，銀河的核球不是圓形的，而是棒狀。

第一個形成的星系

人類在出生後的十多年間，從

最初的一個受精卵，分裂成高達六十兆個細胞，持續進行新陳代謝。而宇宙誕生後歷經一百三十八億年，星系的數量約達到數千億個，所以跟宇宙相比，我們的成長速度比較快，只是，規模根本不能相提並論呢。

另外，宇宙並不是一開始有一個星系，然後經過重複分裂變成上千億個星系。但是人們到現在還是不太了解，初期的宇宙中是怎麼形成星系的。

已知距離最遙遠的星系之一，是哈伯望遠鏡發現的EGS8p7，推估距離地球一百三十二億光年。由於宇宙的年齡是一百三十八億歲，由此可知，宇宙誕生六億年後就已經形成星系。

所謂「最遠的星系」，就是最先形成的星系。為了找到最初的頭號星系，包含日本國立天文臺的昴星團望遠鏡在內，世界各國的大型望遠鏡都卯足全力，企圖拔得頭籌。

多虧這樣的競爭，相關紀錄每年都在更新，日後人們可能會發現更早期的星系。天文學家之所以致力於探索最遙遠的星系，也是因為他們認為這是釐清恆星如何誕生的關鍵。

做為宇宙第一顆星星的那個天體，在當時只有散發氫原子的漆黑宇宙中，究竟是什麼時候、又是如何開始發出星光的，大家對此都非常感興趣。一般認為，星星就是在那之後一個接一個的在宇宙中發光，最終形成無數個星系。

星系是怎麼分布的

讓我們來看看目前的星系分布吧。如下頁圖示，那一個一個小點代表星系，彼此的距離與位置是經過正確測定的。宇宙中星系的分布非常不均勻，呈現出一種分布特徵，這稱為「宇宙的大尺度結構」或是「泡狀結構」。為什麼會出現這樣密集的群體呢？這反映出，支配宇宙的是重力。

前面說過，宇宙由星系組成，不過這完全只是就「人類發現結果」而言。宇宙中存在我們看不到的暗物質，而且存在量是我們能夠觀測到的星系的十倍。暗物質是還未揭開真面目的一種重力源，由於重力＝引力，所以暗物質會吸引它周遭的物質。

星系的群體

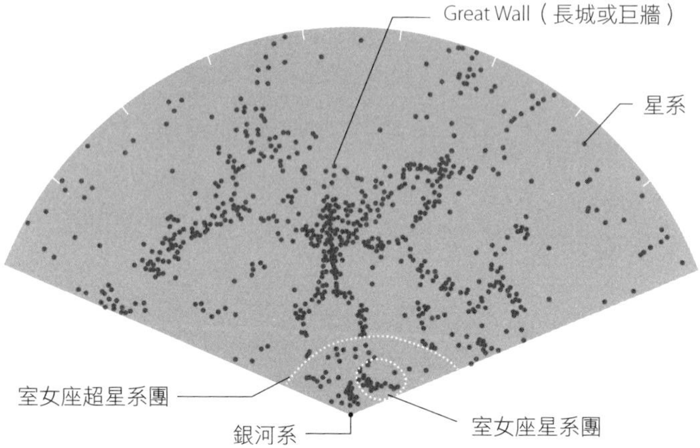

在宇宙早期，因為暗物質的活躍，才會讓散布宇宙各處的氫原子聚集起來，很快形成大型團塊，然後依序形成星球、早期的小型星系。

之後，不同星系之間也相互吸引聚集，起初間隔距離均等的星系，逐漸形成密集群聚的星系群（五十個以下的星系集團）、星系團（一〇〇〇萬光年範圍內約含數千個星系的集團）、超星系團（多個星系團聚集而成，大小約有數億光年）等不同層級，形成如今宇宙中這種不均勻的星系分布。

我們所居住的太陽系就位在銀

河系之中。銀河系周遭伴隨著大麥哲倫星系、小麥哲倫星系等小型星系，和仙女座星系（M31）與三角座星系（M33），一起組成含有五十個星系以上的「本星系群」。本星系群所在位置離室女座星系團有段距離，同時也是室女座超星系團的一員。在圖中央附近，左右相連的星系集團被稱為Great Wall（長城或巨牆）。

在暗能量的影響下，宇宙中的天體彼此之間的距離正逐漸拉開，大尺度結構正持續膨脹當中。

04 被踢出行星之列的星球

布魯托和迪士尼

「水金地火木土天海冥」，在過去有很多人會這麼背誦太陽系的行星吧。冥王星是一九三〇年由美國亞利桑納州的羅威爾天文臺的天文學家克萊爾・湯博（一九〇六～一九九七）發現的天體，直到二〇〇六年為止都被被分類成行星，名列第九顆行星。

冥王星的直徑兩千三百七十公里，大概只有地球的兩成，比月球小；它的表面溫度為攝氏零下二三三度，是一顆位於太陽系遙遠彼方的極寒之星。冥王星以兩百四十八年的週期環繞太陽公轉，這是地球每公轉太陽一千周時，它只轉四周的緩慢速度。

冥王星非常暗，運行也很慢，在地球上要是沒有費心觀測就很難發現。湯博當初是先對天空某處攝影，一週後在完全一樣的位置又拍下照片。接著比對這兩張天體照片，發現到有小小的一點些微移動了。那就是在太陽系遙遠彼方運轉的未知星球。

冥王星的英文是Pluto，意為冥界之神（等同於希臘神話中的黑帝斯）。這個名字是採納了來自英國十一歲女孩的提議。而華特・迪士尼之所以將米奇老鼠的愛犬取名為「布魯托」，也是因為從一九三〇年剛發現的冥王星獲得靈感。

在十八世紀發現天王星的是英國人，而十九世紀發現海王星得歸功於法國人、英國人還有德國人，所以二十世紀由美國人發現的第九個行星——冥王星，對於多數美國人而言，可說是一種榮耀。

什麼條件可以稱為行星

不過，二〇〇六年八月在捷克布拉格舉行的國際天文聯合會（IAU）大會上，根據出席天文學家的全體投票表決，把世人一直以來所熟悉的太陽系第九行星冥王星排除在行星的行列之外。

為什麼冥王星不再是行星了呢？

冥王星並沒有不見，也沒有產生變化。只是ＩＡＵ大會針對之前始終模糊的行星定義，明確界定出了內容。

根據這個定義，所謂的行星是完全滿足以下三項條件的天體。

①環繞恆星（太陽）公轉

②在本身重力影響下，幾乎呈圓形（也就是具備一定質量以上）

③軌道上除了衛星，沒有其他天體

冥王星的附近有二〇〇三年發現的鬩神星，還存在妊神星、鳥神星等太陽系外緣天體，所以不符合③的條件。符合①與②，不符合③的天體後來就稱為「矮行星」。根據這樣的行星定義，在太陽系內，從水星到海王星就稱為「行星」，而位於更外側的，其他像冥王星這種球型天體，後來也被稱為「冥王星型天體」。

太陽系的行星與矮行星

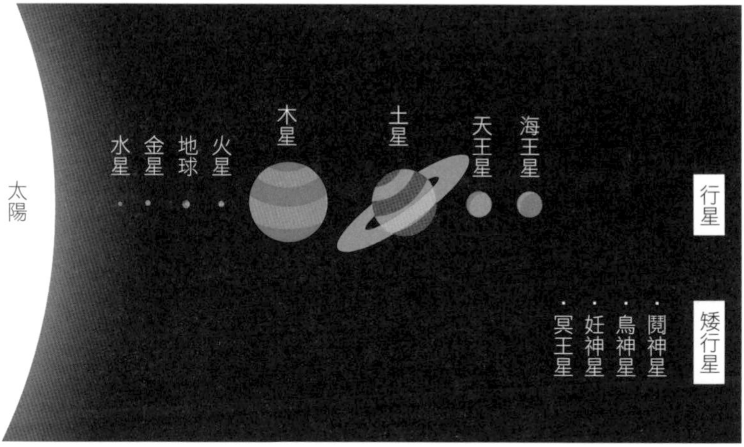

目前，被分類成冥王星型天體（位於太陽系外緣的矮行星）的只有冥王星，還有位於更外側的妊神星、鳥神星、鬩神星這四個，今後無疑的也會繼續增加吧。

在海王星外側直到太陽系盡頭的歐特雲之間，太陽系外緣天體可存在的範圍大致呈現圓盤狀往外擴展，這個區域稱為「倫納德・古柏帶」或「古柏帶」（第一二八頁），取名自兩位提倡者的名字。在這裡已經發現超過兩千個太陽系外緣天體。

新視野號拍到的冥王星

至今還是有美國人主張冥王星是行星。二〇〇六年舉辦的ＩＡＵ大會，也就是決定冥王星不再是行星的會議的七個月前，美國科學家已經發射探測器「新視野號」前往冥王星，這臺探測器上還載有湯博的骨灰。

新視野號經過九年半的長程旅行，在二〇一五年七月十四日來到最接近冥王星的地方，在美國成為熱門的討論話題。新視野號搭載了包括兩臺攝影機在內的七臺測量儀器，重量略少於五百公斤。本次任務總經費約為七億美金（約臺幣兩百多億）。

新視野號傳送回來的圖像讓人吃驚的是，冥王星表面不像原本以為的像月球那種滿布隕石坑的古老地形，反而有著像非常近期才形成的平坦地形、冰川地形，還有像是地球海岸線的地形，簡直就像地球表面一樣擁有豐富地形。此外，還發現超過日本富士山的高度，達三千五百公尺的山。我們仍不清楚為什麼冥王星表面具有像是近年形成的激烈變化的地表。

新視野號的原文是New Horizons。探測器名字的意義，隱含著在詳細調查冥王星後，也希望能夠進一步調查其他太陽系外緣的天體。

新視野號於二〇一九年左右通過位於古柏帶的太陽系外緣天體2014 MU69附近，並拍攝它。2014 MU69是在二〇一四年發現的太陽系外緣天體之一，從地球表面用大型天文望遠鏡觀測，也只能看到微乎其微的一點。

新視野號能為我們拍攝到什麼呢？順利的話，將會拍攝到（在太陽系內）距地球最遙遠小天體的真面目★。新視野號未來也會像先驅者10號、11號，還有航海家1號、2號那樣，沿著脫離太陽系的軌道，前往深遠的宇宙，繼續未知的旅程。

★編註：二〇一九年一月一日，新視野號飛越2014 MU69，並拍下它的照片，影像看來有點像花生或雪人的形狀。

05

第一個使用天文望遠鏡的並不是伽利略？

曾有一位沒沒無名的天文學家

第一個使用天文望遠鏡的人是誰呢？

許多書籍都記載著義大利的偉大科學家伽利略・伽利萊的名字。根據記載，距今約四百年前的一六〇九年十一月三十日，伽利略・伽利萊以自製望遠鏡觀察月球。

這讓世人長期以來都相信伽利略才是最先使用天文望遠鏡的人。不過，其實更早之前就有人留下使用望遠鏡的紀錄。現在人們已確認，英國沒沒無名的天文學家托馬斯・哈里奧特在一六〇九年七月二十六日就已經將天文望遠鏡朝向月球，畫下素描。

遺憾的是，包括天文望遠鏡的觀察紀錄在內，哈里奧特的很多研究都沒有書寫留存下來，或許他不喜歡動筆記錄吧。另一方面，伽利略的偉大之處就在於他傑出的觀察力、洞察力，再加上高超的製造技術，其中許多研究紀錄都留存了下來。

此外，伽利略寫作時用的不是當時學者們視為常識的拉丁文，而是用義大利文寫作，這讓一般市民也能讀懂他的眾多著作，這也是他被稱為世界第一位「科學傳播者」的原因。

托馬斯・哈里奧特
（一五六〇左右～一六二一）

兩個人畫的月球素描

二〇一三年秋季，我造訪科學家哥白尼曾生活過的城市，波蘭的華沙，在

哈里奥特與伽利略的月球

哈里奥特的素描

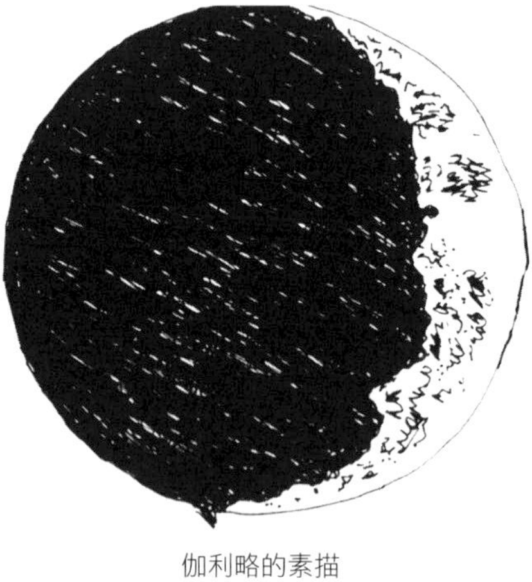

伽利略的素描

華沙大學附近的舊書店，因緣際會看到了某本書。那是一九七八年在波蘭出版的學術書籍《STUDIA COPERNICANA XVI》，其中一篇論文刊載了哈里奧特於一六〇九年所畫的月球素描。

和伽利略的素描一比較，就會覺得兩人使用的天文望遠鏡的性能，以及兩人的素描功力，似乎都有差距呢。在這裡稍微介紹一下相關的歷史背景。

伽利略的功績

運用天文望遠鏡的先驅者當中，只有伽利略的名聲在後世廣為流傳。這是為什麼呢？我想到好幾個理由。

一六〇八年，伽利略在帕多瓦大學擔任教授，當他聽說荷蘭有人製作出望遠鏡後，也立刻開始改良製作自己的望遠鏡。

伽利略正式投入天體觀測是在一六〇九年底，在一六〇九年的十一月三十日開始月球觀察和記錄。伽利略的著作《星際信使》和之後的觀測結果，說明了以下幾項事實。

①月球表面凹凸不平；除了肉眼可見的恆星，其他還有無數恆星存在。

②木星周圍有四顆星環繞著（他當時用「行星」來稱呼，其實它們是衛星。現在這四顆衛星被稱為「伽利略衛星」）。

③金星像月球一樣有圓缺變化，而且直徑也會變化。

此外，銀河是由無數恆星聚集而成、黑子是太陽表面的現象等等，都是伽利略的發現。

偉大的天文學家

據說，伽利略一生製作出的望遠鏡有將近一百臺。伽利略製作出的光學望遠鏡，物鏡是凸透鏡、目鏡是凹透鏡，被稱為「伽利略望遠鏡」，特徵是焦距長，現今已不再運用在天體觀測上。

如今一般天體觀測運用的，是與伽利略同時期的德國天文學家約翰尼斯・克卜勒（一五七一～一六三〇）設計出的「克卜勒望遠鏡」，這種望遠鏡的物鏡和目鏡都是用凸透鏡，這樣可以製作出視野明亮的光學望遠鏡。

在伽利略製作出的眾多望遠鏡中，現存有兩臺是義大利佛羅倫斯的「伽利略博物館」館藏，其中一臺就是《星際信使》所記載，發現到諸多天文成果的望遠鏡，它的鏡片直徑為五一釐米、焦距為一三三〇釐米、倍率為一四倍。

事實上，如果用復原出的伽利略望遠鏡嘗試觀察月球，可會嚇一大跳，因為視野非常狹窄又很暗。《星際信使》中留存的月球整體素描，是伽利略一點一點移動望遠鏡可以窺見的視野，花費時間精心描繪出來的成果。

重新閱讀《星際信使》，我再次為伽利略的傑出表現而驚嘆。就算是與目前在第一線活躍的專業天文學家相比，這麼深厚的洞察力也很少見呢。

06 逐漸逼近宇宙誕生的謎底

重力波觀測的驚人發現

距今十三億年前，在遙遠的宇宙深處有兩個黑洞合併，產生了龐大的能量。這種能量成為了重力波，在二〇一五年九月十四日傳到地球上。

人們在很早之前就預測到，黑洞誕生或黑洞相互合併時會產生龐大能量，釋放出重力波。在宇宙誕生的瞬間、質量很重的恆星演變末期時的「超新星爆炸」瞬間、中子星相互合併等特殊事件，都會引發重力劇烈變化，讓宇宙空間彎曲。

空間的彎曲就像地底的震波一樣，會在宇宙空間中傳播開來，這就是重力波。廣義相對論已經預言了重力波的存在。其實，當我們一圈又一圈的轉動手臂

重力波發生的機制

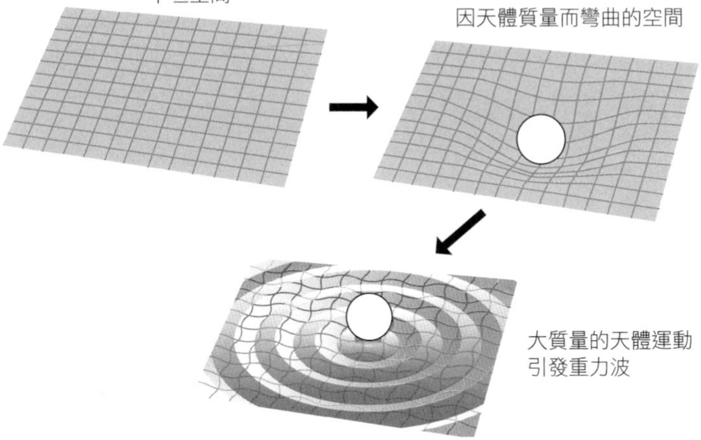

時，也會產生重力波，只是重力波的振幅太小，偵測不出來。

愛因斯坦當時的預言經過百年之後，人類終於在二〇一五年直接偵測到重力波。美國的雷射干涉重力波偵測站（LIGO）的研究人員有一千人以上，在偵測到重力波後，歷經五個月縝密的數據資料確認和計算，於二〇一六年二月公布結果。全世界的人們為此驚訝不已，日本報紙也都以頭版頭條來報導。

KAGRA（神樂）設施

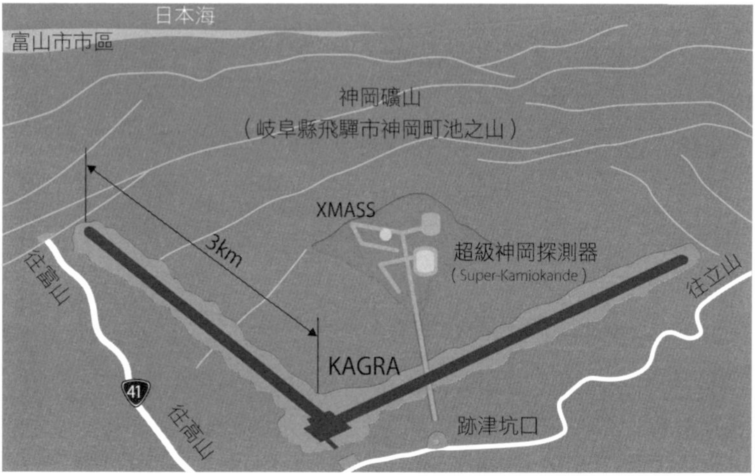

宇宙最初是怎麼誕生的呢？

重力波可造成極為微小的空間扭曲。當重力波在宇宙空間中傳播時，在例如南北方向與東西方向這種垂直方向上，空間的長度會出現微妙的變化，所以能藉由測量變化值而偵測到。

因此，必須運用極長距離來精確偵測出空間的伸縮，避免人或貨車等人為震動或是大自然中地面的伸縮影響。

當重力波一抵達地球，受到時空彎曲的影響，兩個測量點之間的距離就會出現變化。那麼變化量大概是多少呢？以黑洞合併時為例，測量太陽與地球之間這樣的距離（一天文單位，約一．五億公里）時，會偵測出大概一個氫原子的長度變化，這是極度微乎其微的。一個氫原子長度大概是〇．〇〇〇〇〇〇〇〇〇一公尺，可以想像這是多麼精密的測定。

經由東京大學宇宙射線研究所的主導，還有高能量加速器研究機構、國立天文臺等合作之下，日本於二〇一五年開始在超級神岡探測器附近，打造大型低溫重力波望遠鏡KAGRA（神樂）。KAGRA的運作機制，是在臂長三公里的L型隧道中，放置真空管，再從L字的中心位置同時向三公里之外的兩端盡頭發射雷射光線，然後讓反射回來的光線經過多次反射，來回數趟後，就能從光線抵達的時間差，偵測出重力波。

KAGRA於二〇二〇年正式啟用。它的感測能力高於LIGO或歐洲的重力波望遠鏡VIRGO，外界期待它能夠每二到三個月就偵測到一次黑洞合併，而且能偵測到的中子星合併應該更多。我們目前居住的銀河系中，已確認存在的黑洞大概有數十個，而中子星的數量有數千個，KAGRA大概能夠以每個月一次的頻率，偵測到中子星的合併。

不只中子星或黑洞合併瞬間會釋放重力波，一百三十八億年前宇宙誕生之際，理論上曾發生「暴脹」的現象。但目前還沒有觀測到證據。

暴脹時應該也曾引發巨大的重力波，由於是一百三十八億光年之外的現象，距離十分遙遠，所以需要高精確度的觀測，如果能偵測到那個時候的重力波，就會成為足以媲美發現希格斯玻色子★的壯舉。

「暴脹理論」提倡者之一，是日本的天文學家佐藤勝彥博士。如果能藉由觀測結果確認暴脹現象，佐藤博士無疑的將獲得諾貝爾物理學獎。

重力波的偵測方法

目前像LIGO或KAGRA這種重力波望遠鏡，是運用雷射干涉儀，來測量距離變化的精密測定裝置。雷射干涉儀，是先將來自同一雷射光源的光線分成兩道直行光線，藉由設置於遠處的鏡面反射後，偵測光線抵達的時間差，因而測量出距離變化，可達到 10^{-19}m的精準度。

重力波的觀測

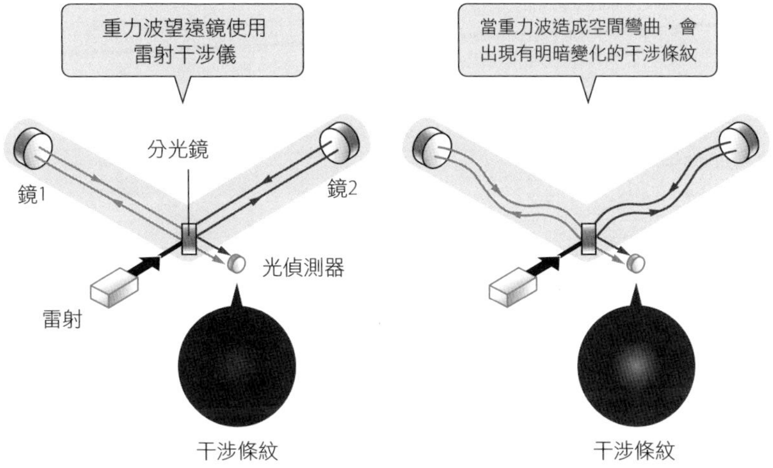

就像前面說的，重力波的傳播會造成空間彎曲，設置在測定地點的偵測器就會出現變化。這個裝置是藉由干涉儀偵測到的干涉條紋變化，辨別微乎其微的時間差，真的是魔法工具呢。

來自黑洞的訊號

黑洞會吞噬所有一切，就連光線也不例外。二〇一五年偵測到的重力波，發生在地球之外十三億光年的地方。一般認為，在那裡有兩個質量是太陽二十九倍和三十八倍、異常沉重的黑洞合併，形成質量是太陽六十倍以上的新黑洞。

黑洞合併的瞬間〇．一秒之內，就爆發出大概是三個太陽份量的氫氣，釋放出莫大能量，引發重力波。使人類首度獲得來自黑洞的訊號。首次觀測到重力波，並不是故事的結束，而是開始，這意味著重力波天文學的誕生。

那一次光靠LIGO，無法鎖定重力波發生的源頭。不過，只要歐洲的VIRGO和日本的KAGRA這些全新重力波望遠鏡與LIGO合作，就能鎖定發生源。

KAGRA計畫主持人是東京大學宇宙射線研究所的所長梶田隆章。梶田教授藉由岐阜縣神岡礦山地底的超級神岡探測器，證實微中子具有質量，獲得二〇一五年的諾貝爾物理學獎。

一直以來，全世界的研究人員都試圖搶先一步偵測出重力波。例如，日本國立天文臺的三鷹園區內，就有一座名為TAMA 300的重力波偵測器（重力波望遠鏡）。

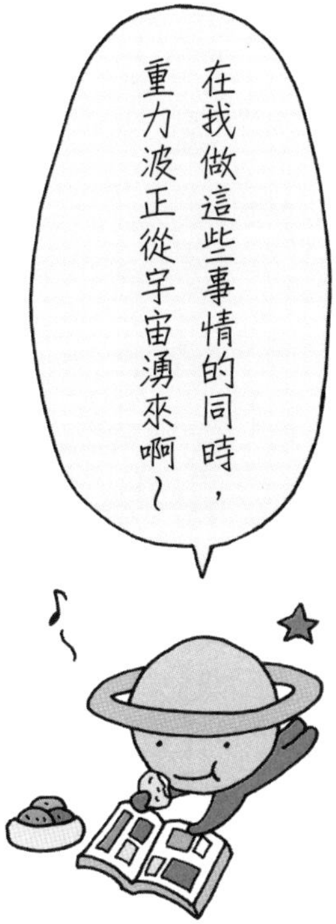

★編註：希格斯玻色子是物理學的一種基本粒子，在科學家提出理論模型後經過大約五十年，才透過大型強子對撞機而證實存在。

07

星座是什麼時候、在哪裡產生的呢？

最古老的學問：天文學

天文學可說是所有學問的起點。五千年前，美索不達米亞地區製作的石器和壁畫上，就已經描繪出獅子座、巨蟹座等星座。同一時期的埃及或中國等世界各國，在文明發祥的同時，星座也已經被塑造出來了。

當時的人類基本上不是狩獵民族就是放牧民族，必須隨著季節轉換而移動生活據點。換句話說，旅行是當時人們的日常生活。為此，白天運用太陽、夜晚以星座為線索，去了解方位或地球經緯度等是必要的。只要記住北極星，就能得知北邊的方位，所以從小就會學習如何辨識北方星座的排列來找出北極星。

當人們展開農耕文化後，就極度需要一種曆法來顯示什麼時候該播種、什麼時候該收割。並且，進行交易時，必須決定和對方在什麼時候、什麼地方會面。夜空的星座可讓人們得知本身所在地點的方位、季節、時刻，逐漸成為不可或缺的存在。

目前在學術上，全世界統一使用的星座有八十八個。這些星座的原型源自美索不達米亞、埃及還有古希臘時代。

例如，西元二世紀的古羅馬天文學家托勒密（約一〇〇～一七〇）把天動說（地心說）體系發展完善，制定托勒密四十八星座，包括獅子座、巨蟹座、天蠍座等黃道十二星座，另外還有獵戶座或大熊座等現今人們耳熟能詳的星座，幾乎都涵蓋在內。

之後邁入十五世紀的大航海時代，歐洲人開始認識從前完全不了解的南半球星空，這才首次增加了南天的星座。新加入的星座非常多樣化，有望遠鏡座、顯微鏡座，就像在天空排列出工具的形狀，還有杜鵑座、天燕座等珍禽星座，劍魚座、飛魚座等魚類星座。

世界各地的星座

現在的八十八個星座，是國際天文聯合會於一九三〇年為了解決星座領域重複等造成的混亂，而統一制定的。當時明確界定出星座和星座之間的分界線，把星座總數定為八十八個。也就是說，整個天球根據不同星座被劃分成不同大小的區塊。

有別於這八十八個星座的學術性名稱，世界各地也有眾多的當地傳統星座，擁有自古流傳至今的名稱。例如，大熊座和北斗七星的關係。

各區域或民族的星座或星星名稱各有不同，就像各國語言也不相同一樣，這證明星座對於人們的日常生活是多麼不可或缺的存在。古希臘或北美印地安人看到北斗七星的排列，想像出一隻大熊腰部到尾巴的形狀，並加上周遭的星星，在北方的天空中形塑出一隻巨熊。

另一方面，同樣是北斗七星，中國的某些民族想像出貴族乘坐的馬車；而日本人則是想像出一支大杓子；有些區域還會想像成七隻小豬仔。

日本傳統的星座名稱

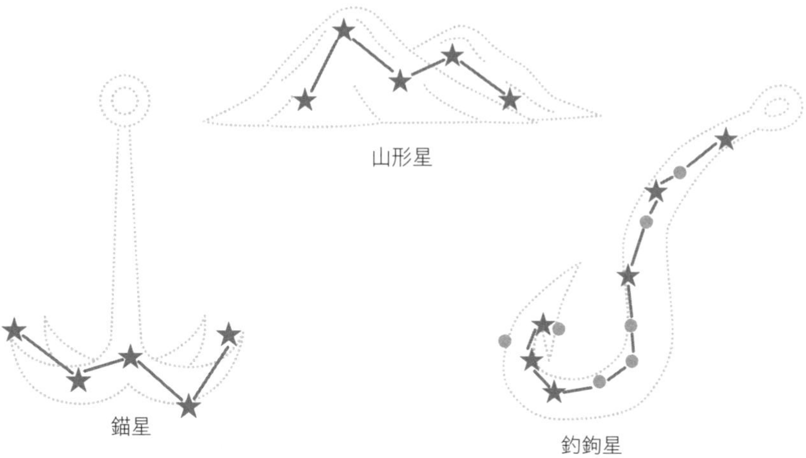

仙后座與北斗七星齊名，都是北方天空十分醒目的一群星星。仙后座在日本傳統中，更熟悉的稱呼是山形星、錨星。仙后座是古人把W字形看成是坐在椅子上的古衣索比亞王妃，因此得名，但是也可以很單純的看成是兩座山的形狀，還有沉入海裡的錨的前端。

此外，也有許多地方稱天蠍座為釣鉤星。因為天蠍座呈現一個大S字形，看起來就像釣魚用的釣鉤。

國外的例子中，南美的印加文明很耐人尋味。印加區域海拔高度很高，空氣澄淨，比海拔低處能看見更多的星星。因為星星數量實在太多，沒辦法用線條一一連接起來的印加人，便沒有為星星取名，而是為銀河中到處可見的黑暗地帶取名。由於地處南半球，位於銀河中心的射手座或天蠍座，會橫亙在印加地區天空高遠的正上方。

銀河的耀眼光輝讓人感受到壓倒性的震撼，對於印加人而言，大概也沒必要把周遭星星用線條連接起來記憶吧。因為他們可以從觀看銀河的方位、銀河的形態，就能判斷季節、時刻、方位或自己所在的經緯度了。

所謂的銀河暗帶，是具有很多塵粒或氣體，背後隱藏著星星的區域。從各種暗帶的形狀，流傳下來大羊駝座、小羊駝座、狼座、蛇座、鷓鴣座等名稱。

我們現代人也不要輸給古代人，盡情展開想像力的翅膀，創造出只屬於自己和夥伴們的星座來吧，如何？像我自己本身，每次看到大熊座、小熊座的時候，都因為尾巴太長太難想像，所以就自己把大象媽媽還有象寶寶的形狀套到天空上，偷偷唸著「大象媽媽座」、「象寶寶座」。

關於星座表的符號

找出詳細的星座表來看，可能會發現星座名稱旁邊列著我們不熟悉的符號。例如α、β、γ、δ，這是依照希臘字母的順序排列而成。

八十八個星座中，基本上是根據每個星座內的星星明亮程度，編上α、β、γ的順序。如果是參宿四，在星圖或星表中會寫成「α Ori」。意思是「獵戶座（Orion）的α星」，而Ori則是星座的縮寫。

八十八個星座全都依照星座名稱的前三個字母寫成符號。然後明亮的星星或特徵強烈的醒目星星，另外則有像是天狼星、五車二、大陵五等傳統名稱做為暱稱。

08 黑洞的真面目是什麼？

黑洞非常重？

一談到黑洞，大家會有什麼印象呢？是出現在天空中的巨大空洞？或通往異次元的謎樣隧道？每次去發表天文學或宇宙的演講時，最常被問到的問題就是「黑洞是什麼」（順帶一提，如果是我的演講，再來就是「宇宙有盡頭嗎」、「有外星人嗎」）。

黑洞，絕對不是幻想或科幻世界才有的東西。黑洞的存在已經獲得實際確認，是一種貨真價實的天體。巨大的恆星演變到末期時，由於無法再支撐本身的重力，所以在中心突然崩塌形成時空洞穴，這就是黑洞的真面目。

為了了解黑洞，請試著發揮一點想像力。

假設現在從地球向遠方扔出一顆球，使勁全力一扔，球會飛到很遠的地方去。如果是力大無窮的金剛或超人力霸王使勁全力扔出，球可能不會掉到地面，還會飛出地球去。這時候的速度是每秒七．九公里，稱為「第一宇宙速度」，這是當要把環繞地球的人造衛星發射出去時，所需要的速度。

要是再更用力的把球送出去，就會脫離地球的重力範圍，開始環繞太陽。這時候的速度大概是每秒十一．二公里，稱為「第二宇宙速度」，這是「隼鳥2號」或「破曉號」等進行太陽系之旅的探測器，在發射時所需的速度。

再來，球如果想飛出太陽系，需要每秒十六．七公里的速度，這稱為「第三宇宙速度」。這是「新視野號」或「航海家號」等探測器飛出太陽系所需的速度。事實上，發射時要達到這個速度很困難，所以一般都會在半途利用行星重力加速，藉由「重力彈弓效應」來幫助運行。

那麼，如果是在比地球還重的天體上扔球，會怎麼樣呢？天體的質量大，吸引力也會變大，想把球扔出去就需要更快的速度。為了讓球達到必要速度，就需要相對應的能量。

那麼，如果不是球，換成光又會怎麼樣呢？光的質量是零，可以毫不費力的從地表朝宇宙空間直線前進。

而在宇宙中，就有個地方因為天體質量實在大得驚人，所以連光線都無法逃脫。這就是黑洞。黑洞中心，也就是近乎奇異點的狀態。根據相對論的預測，奇異點的質量無限大，重力也是無限大。因此，就算是速度達每秒三十萬公里的光（電磁波）也無法從這裡逃脫。這表示，黑洞是一個從外部看不到的天體。

我們雖然看不到黑洞，卻能窺見它的運動。黑洞當中有些是成對的天體（聯星），聯星所釋放的氣體會被黑洞吸進去，壓縮。而被壓縮的氣體，會在黑洞周圍釋放出強烈的X射線。被稱為「天鵝座X-1」的聯星，就是一個具有代表性的黑洞。

變成黑洞的天體

黑洞是怎麼形成的呢？

在夜空中閃耀的恆星，內部核心因為氫的核融合反應而大放光明。太陽也

黑洞的觀測方法

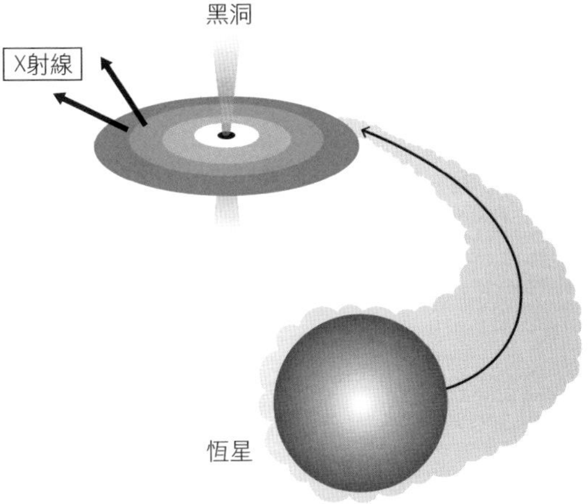

一樣。但質量愈大的恆星消耗的燃料就愈多，內部的氫很快就會完全燃燒殆盡。

由於太陽是質量輕的天體，在氫耗盡後，核心會只殘留由碳和氧形成的高溫核心。

另外，如果是質量為太陽十倍以上的星球，就會迎接稱為「超新星爆炸」的華麗終點。在爆炸後的殘骸中，就可能殘留「中子星」或「黑洞」。雖然根據計算方式會有所差異，但一般認為，質量約在太陽三十倍以上的恆星，到最後會變成黑洞。

人類已經發現，地球所在的銀

河系中心，存在質量約太陽四百萬倍的超大質量黑洞。並不是所有的星系中心都會存在超大質量黑洞，但是，很多星系的中心，尤其是質量大的星系，存在超大質量黑洞的機率似乎很高。

黑洞研究最前線

一九九五年，日本國立天文臺野邊山宇宙電波觀測所的「四十五公尺電波望遠鏡」，在獵犬座的M106星系中心發現超大質量黑洞，質量竟然是太陽的三千九百萬倍。

這個黑洞被氣態圓盤包圍著，圓盤轉動時發出的電磁波，與圓盤靜止時有所不同，藉由都卜勒效應，能觀測到朝地球方向接近的部分，以及背向地球遠離的部分，波的明亮度不同。只要運用克卜勒定律，就能計算出中央黑洞的質量。

活躍的星系，或被稱為「類星體」的遙遠星系中，它們的明亮核心裡都存在超大質量黑洞。黑洞有不同的類型，有像天鵝座X-1這種大質量天體在末期形成的一般尺寸黑洞，有位於星系中央、為太陽數百萬到數億倍質量的超大質量黑洞，另外也有發現尺寸介於中間的中等質量黑洞。我們目前還不清楚超大質量黑洞和中等質量黑洞的形成機制。

相關研究人員正持續運用「京」等超級電腦的理論模擬，以及X射線天文學、電波天文學等各式各樣的不同波長範圍來觀測黑洞。

夢想中的白洞

大家聽說過相對於黑洞的「白洞」嗎？

如果宇宙存在足以吞噬一切的強大重力源，那麼相反的，將吞噬的一切全都吐出來的狀態也是可能的，不是嗎……一九六〇年代的天文學家是這麼預測的。因為具有跟黑洞完全相反的性質，所以稱它為「白洞」。但是，到目前為止我們還沒有在宇宙中發現任何一個白洞。

雖然白洞在理論上可能存在，但也可能是根本不存在於我們宇宙中的虛幻天體。不論是理論面或觀測層面，黑洞研究都是最熱門的研究主題，而把白洞做為研究主題的天文學家極為少數。假設真的在宇宙中發現白洞，那或許會和黑洞兩兩成對，而兩者之間就是能跨越時空的蟲洞。

儘管白洞是理論上的想法，但是魅力十足，在很多科幻小說或電影裡常描繪出可以穿越時空而移動的超光速曲速引擎。

但是事實上，光是靠近黑洞，我們的身體就會由於強大的重力而分崩離析，粉身碎骨到剩下基本粒子的程度，很遺憾的，像科幻題材那樣穿越時空是不可能的事。建議大家還是不要靠近黑洞比較好。

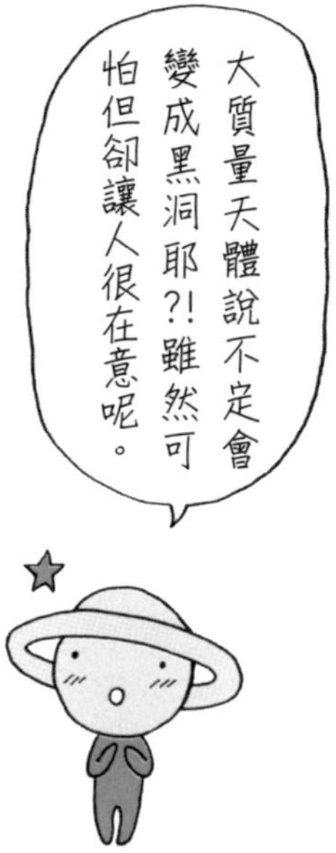
大質量天體說不定會變成黑洞耶?!雖然可怕但卻讓人很在意呢。

09 為地球帶來生命的是彗星？

在彗星中發現胺基酸

NASA的彗星探測器「星塵號」於二〇〇四年，到達了與環繞太陽公轉的「維爾特2號彗星」相距兩百四十公里的位置，並採集彗星釋放出的塵粒。星塵號運用一種結構類似捕蠅紙的裝置，採集碰到探測器的塵粒，之後便朝向地球飛回。

兩年後的二〇〇六年，星塵號接近地球附近，並把存放這些塵粒的回收艙，成功的投到地面上。研究人員以最新的分析裝置，澈底研究這些寶貴的塵粒。後來，他們在塵粒中發現人體必須胺基酸之一的「甘胺酸」。這在探索生命起源有重大意義，當時成為重大新聞。

人體由蛋白質組成，蛋白質由大量胺基酸合成。在彗星上發現含有蛋白質基本結構，這顯示出，不只地球，宇宙空間中也存在胺基酸。

目前有很多研究者認為，胺基酸是在宇宙空間中誕生，只是後來不知道藉由什麼方法被帶到地球來。

隼鳥2號和小行星

另一方面，小行星可能也和生命的誕生有關。挑戰這個謎團的是日本小行星探測器「隼鳥2號」。小行星探測器「隼鳥號」於二〇一〇年六月十三日返回地球，在大氣層中燃燒殆盡，而它的後繼機隼鳥2號接著在二〇一四年，從鹿兒島縣的JAXA種子島宇宙中心發射升空。

隼鳥號從二〇〇三年發射升空後的七年之間，歷經約六十億公里的旅程，最後返回地球。或許有人還記得它在大氣層中燃燒殆盡的樣子吧。

隼鳥號當時以獲得「太陽系起源的線索」做為目標，一邊嘗試離子引擎的全新航行法，從小行星「糸川」帶回了少量樣本。

隼鳥2號為了進一步解密太陽系的起源、演變，還有生命的組成物質等等，設定的目標是登陸C型小行星「龍宮」（1999 JU3）並帶回採集的樣本。

隼鳥 2 號

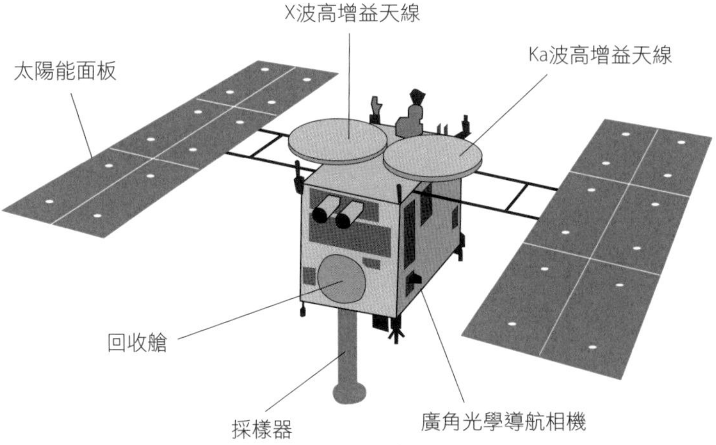

小行星分成各式各樣的不同類型，主要有C型和S型這兩種。「糸川」是S型，主要成分是砂，也就是矽酸化合物（矽酸鹽）。

隼鳥2號的目標「龍宮」是C型小行星，同樣是岩質小行星，但是一般預估比S型的「糸川」含有更豐富的有機物或含水礦物。這表示它或許會與地球上的生命有某種關連性。

這一次把C型小行星的岩石帶回地球分析，將可以釐清太陽系內原本存在的有機物是什麼樣的東西。地球等大型天體中，組成的原始材料都曾經溶解過，沒辦法再回頭找到關於過去的更多資訊。所以一般期待，藉由這次樣本或許可以獲得我們地球生命起源的相關線索。

隼鳥2號藉由在小行星表面射入砲彈，製造出人造撞擊坑。這個人造撞擊坑直徑大概數公尺，接著採集因撞擊露出表面的岩石樣本，就能獲得未受到風化或熱影響的新鮮物質。

隼鳥2號在二〇一九年二月抵達龍宮，利用將近一年的時間調查小行星，在二〇一九年底從小行星出發返回地球，然後在二〇二〇年十二月把回收艙送回地球。

在彗星著陸的羅賽塔號

歐洲太空總署（ESA）於二〇〇四年發射的彗星探測器「羅賽塔號」，歷經在太陽系長達十年的旅程，於二〇一四年十一月在短週期彗星「楚留莫夫-格拉希門克彗星」的地表投放登陸機「菲萊號」，成為人類史上首次在彗星著陸的探測器。

楚留莫夫-格拉希門克彗星的公轉週期為六．六年。這顆彗星的結構似乎是由兩顆彗星緩慢撞擊，然後結合所形成的，奇妙的外型乍看之下就像是玩具鴨子，而這隻鴨子的額頭部位，就是菲萊號的著陸點。羅賽塔號的成果，或許能讓我們獲得「生命起源最初是彗星送來地球」的相關理論的新發現。

星塵號、隼鳥號、羅賽塔號，還有隼鳥2號的探查成果，都在試圖釐清彗星或小行星到底是不是生命起源這個問題。

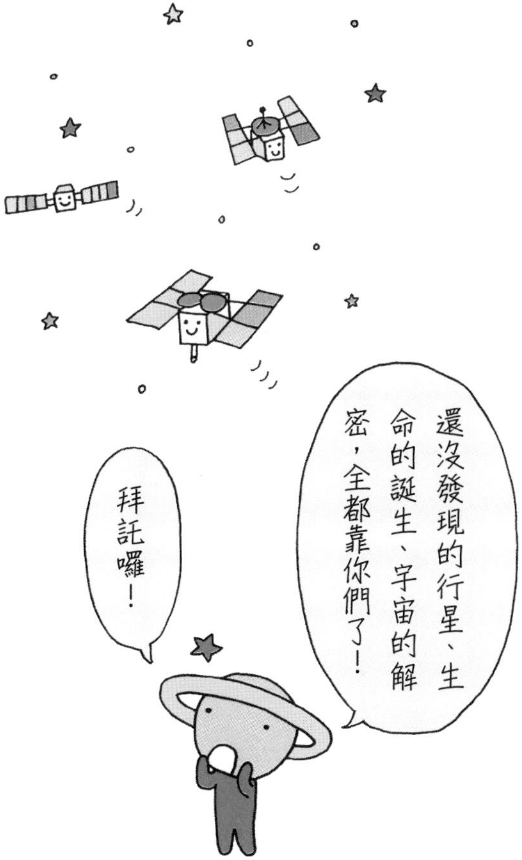
還沒發現的行星、生命的誕生、宇宙的解密，全都靠你們了！
拜託囉！

10 宇宙的時間和人類的時間

宇宙曆

宇宙誕生於一百三十八億年前的大霹靂，之後開始急速擴大，如今已經變得超級巨大，並且持續擴展中。光聽到宇宙的歷史有一百三十八億年，因為時間太長，或許會有很多人一時之間摸不著頭緒吧。當然我也是這樣。

天文學中有一種叫做「宇宙曆」（cosmic calendar）的獨特年曆。這是把宇宙一百三十八億年的歷史比喻成一年時間，列出宇宙或地球在這段時間內發生的事情。這是美國的天文學家卡爾・薩根想出來的點子。

這種年曆把大霹靂（宇宙誕生）訂為一月一日零時零分零秒，而現在則是十二月三十一日的二十四時零分。在宇宙曆中，一個月大約相當於十一．五億年，一天相當於三千七百八十萬年。銀河系的誕生約在一百二十億年前，正好是在二月十四日情人節左右，而四十六億年前的太陽誕生是在八月三十一日左右。

我們人類的誕生

宇宙曆上，大概在十二月二十五到二十七日之間，是恐龍邁著沉重步伐悠哉漫步的時期，不過在二十七日因為巨大隕石撞擊而滅絕。然後就在十二月三十一日晚間八點過後，今年只剩下四小時的時間，我們人類共同的老祖先出現在地表上。

我們進一步發展出文明的時間是非常短暫的。就算一個人能活到九十歲，套在這個年曆上一看，只有短短的〇．二秒。雖然這一個個生命，就只能活這麼久而已，但是在每段生命的經營過程中，我們人類在養兒育女的同時，文化或文明也隨之代代相傳、層層累積。

在這過程中，延續下去的不僅是基因，還有每段人生學習到的知識或經驗。而這才是我們人類偉大厲害的地方呢。

就算是感到煩惱、情緒低落的時候，只要一聽星星或宇宙方面的事情——「為了這種雞毛蒜皮的事悶悶不樂，也無濟於事。」或許有很多人會這麼覺得呢。

我以前每逢週四傍晚都會在國立天文臺所在的東京都三鷹市內，舉辦名額大概二十人的小規模「科學咖啡廳」活動。目的是希望研究者與市民直率的對談，這像是氣氛輕鬆的脫口秀。

那是二〇〇八年八月，一個大雷雨的夜晚。那一天，有位年輕女性靜靜坐在會場角落，她看來毫無生氣，連我看了都覺得擔心。原來是她不知道什麼原因喪失了生存動力，碰巧親近的友人是咖啡廳店長，她在朋友勸說下來到了三鷹的咖啡廳。

那一天談論的主題是「一百三十八億光年的宇宙之旅」。內容是我們居住的宇宙構造，還有宇宙的膨脹等。參加者的提問時間結束後，準備打道回府的那位女性對我低喃了句「宇宙，真的好遼闊呢。」然後就回去了。

後來聽說，女性那天聽完「科學咖啡廳」的天文故事後，覺得自己之前的煩惱根本就是雞毛蒜皮的事。之後就一點一滴的重新找回生存動力。

這件事讓我感受到，天文學或宇宙並不是艱深問題，也不是遙不可及的存在，而是對每個人而言再親近不過的存在。

另一方面，不只天文學，享受星星和宇宙之樂趣的天文文化，在開發中國家也正以驚人速度急速發展。其中最顯著的例子，就是南美洲的哥倫比亞。

哥倫比亞有個城市叫做麥德林，對於很多日本人而言，可說是完全不熟悉的城市，二〇一三年麥德林被《華爾街日報》評選為「年度創新城市」。麥德林城市營造的核心之一，就是與美術、音樂、運動並列的科學和天文學。具有代表性的科學館、天文館都讓當地人引以為榮，非常珍視。

哥倫比亞歷經大幅度的政治改革，長期以來致力於克服之前敗壞的治安還有國內的對立。在此情況下，麥德林於二〇一二年打造出現代的天文館。天文館館長卡魯洛斯先生曾述說了一段很有意思的故事。

有一天，約莫十五歲的黑幫集團年輕人來到天文館。那是一群平常不去上學，早晚只顧集團械鬥、心靈頹廢的年輕人。據說那些年輕人看完天文館的節目，步出星象廳的時候，黑幫首領這麼說。

「我們總是重複著狹隘的地盤爭奪，但這是錯的。整個地球都是我們人類的地盤。」從此以後，黑幫之間的械鬥平息，年輕人又開始回學校上課了。

在發展中國家，有很多人都深信貧窮的生活是一切的元兇，而科技能帶來富足。前面的故事是個好機會，讓人實際深深感受到，科技不僅能帶來物質富足，同時也通往心靈的充實。

本書廣泛而深入的把天文學相關的有趣內容介紹過一輪。不過，星空或宇宙真正的魅力，是現有媒體或網路無法傳達的。最新的宇宙解謎現場，主要都在太空中（人造衛星或太空望遠鏡），或是遠離人煙的高山上（ALMA或昴星團望遠鏡等）。

藉由與本書邂逅的契機，請大家務必親自走一趟全國各地的國立天文臺設施看看。今後也希望有更多更多研究者親身分享傳達他們的心聲。

記於北蒙古・色楞格省的投宿處

參考文獻

- 愛德華．哈里遜 著、長澤工 監譯《夜空為什麼一片漆黑？》地人書館 二〇〇四年
- 家正則 著《哈伯擴展宇宙的男人》岩波書店〈岩波Junior新書〉二〇一六年
- 國立天文臺 編《理科年表平成28年》丸善 二〇一五年
- 天文年鑑編輯委員會 編《天文年鑑2016》誠文堂新光社 二〇一五年
- 縣秀彥 著《地球外的生命體》幻冬舍〈幻冬舍教育新書〉二〇一五年
- 縣秀彥 著《獵戶座正在消失？》小學館〈小學館101新書〉二〇一二年
- 縣秀彥 監修《星星王子的天文筆記》河出書房新社 二〇一三年
- 縣秀彥 監修、池田圭一 著《天文學的圖鑑》技術評論社 二〇一五年
- POLSKA AKADEMIA NAUK《STUDIA COPERNICANA》OSSOLINEUM
- 國立天文臺官網 http://www.nao.ac.jp/
- JAXA官網 http://www.jaxa.jp/
- NASA官網 http://www.nasa.gov/

BOOK REPUBLIC
讀書共和國
快樂文化
Happy Publishing House
有趣到睡不著
006

有趣到睡不著的天文學：黑洞的真面目是什麼？

作者：縣 秀彥／繪者：封面 - 山下以登、內頁 - 宇田川由美子／譯者：鄭曉蘭
責任編輯：許雅筑／封面與版型設計：黃淑雅
內文排版：ALAN

快樂文化
總編輯：馮季眉／主編：許雅筑
FB 粉絲團：https://www.facebook.com/Happyhappybooks/

出版：快樂文化／遠足文化事業股份有限公司
發行：遠足文化事業股份有限公司（讀書共和國出版集團）
地址：231 新北市新店區民權路 108-2 號 9 樓／電話：（02）2218-1417
電郵：service@bookrep.com.tw ／郵撥帳號：19504465
客服電話：0800-221-029 ／網址：www.bookrep.com.tw
法律顧問：華洋法律事務所蘇文生律師

印刷：中原造像股份有限公司
初版一刷：2021 年 3 月　初版八刷：2024 年 5 月
定價：360 元
ISBN：978-986-99532-8-3（平裝）

國家圖書館出版品預行編目（CIP）資料

有趣到睡不著的天文學：黑洞的真面目是什麼？/縣秀彥著；鄭曉蘭譯. -- 初版. -- 新北市：快樂文化出版，遠足文化事業股份有限公司，2021.03
面；　公分
譯自：面白くて眠れなくなる天文
ISBN 978-986-99532-8-3(平裝)
1.天文學 2.宇宙 3.通俗作品
320　　110002585